現代農業考

～「農」受容と社会の輪郭～

Kudo Akihiko
工藤 昭彦

創森社

はじめに

国連の「環境と開発に関する世界委員会」は、1987年に「地球の未来を守るために」という報告書を取りまとめ、「将来世代のニーズを損なうことなく現代世代のニーズを満たす」という「持続可能な開発」の理念を提唱しました。ノルウェー初の女性首相グロ・ハーレム・ブルントラントが委員長を務めたことから「ブルントラント委員会」、「ブルントラント報告」と呼ばれています。

以来、持続可能な開発に対する考え方は、1992年にブラジルのリオ・デ・ジャネイロで開催された「地球サミット」の「環境と開発に関するリオ宣言」や「アジェンダ21」、さらには同サミットで調印式が行われた「生物の多様性に関する条約」などに引き継がれ、世界中に広まりました。

今日、「持続可能性」「多様性」という用語は、「環境時代」を象徴するキーワードとして特定の分野に限らず広く使われています。例えば我が国の環境基本計画では「持続可能な社会」を「国民一人一人が幸せを実感できる生活を享受でき、将来世代にも継承することができる社会」と定義しています。

2015（平成27）年3月に閣議決定された新たな「食料・農業・農村基本計画」では「持続可能な農業・農村の実現に向けた施策を展開する」として「地域資源の保全管理」、「農業経営や技術の次世代への継承」、「環境と調和した農業の推進」などを目標に掲げました。「WTO農業交渉日本提案」では「多様な農業の共存」を基本哲学として「農業の多面的機能への配慮」などを追求すると宣言しています。

翻って見るに、農業・農村の人々は原始の昔から多様な自然と折り合う知恵や技に磨きをかけながら食料など生活に必要な資材を再生産し、営々と暮らしの拠点を築いてきました。農業・農村にとって「持続性」や「多様性」は、仕事や暮らしを支える「暗黙知」として世代を超えて受け継がれてきました。冷戦構造が崩壊する20世紀末ごろからこうした用語が頻繁に使われるようになったのは、言葉とは裏腹に持続可能な「開発」、「成長」、「社会」、「暮らし」、「農業・農村」、「多様性の確保」がことごとく危うさを増してきたからでしょう。グローバル化の嵐が吹き荒れる中、利潤動機に基づく過度な効率性の追求が農業、農村に限らず「持続性」や「多様性」の確保が必要な領域にも急速にはびこるようになってきたからです。

農業、農村の衰退過程を瞬時に早送りしたかのような東日本大震災後の光景は、誰もがもう一度仕事や暮らしを取り戻したいと願わずにいられないほど惨憺たる有様でした。それはまた、農業、農村に限らず中長期の仕事や暮らしや社会の輪郭すら見えにくい海図なき漂流の時代が行き着く先を暗示しているかのようにも見えました。

世界各国、各地域で足元から暮らしの拠点を取り戻す多様な取り組みが始まったのも、深層から社会の変化を望む人々が増えてきたからでしょう。

資本主義に馴染み難《がた》かった農業、農村には、暮らしを取り戻す手掛かりが、いまでもいくつか残されています。そのせいかグローバル化とせめぎ合う有力な対抗軸を見出すために、農業、農村が踏ん張って生き延びることを期待し、支援する人々も増えています。

本書では、戦後70年間における食料、農業、農村の変貌過程を理解してもらうため、できるだけ多くの図表を用いて説明しました。農業構造改革、農山村振興、食料自給率の向上を掲げた農業政策がさほど功を奏しえないまま幕引きを余儀なくされた理由にも言及しました。農業環境問題や深刻な飢餓問題を抱えるアフリカに対する農業支援のあり方などにも触れています。

最後の章では東日本大震災からの復興に関連づけながら、持続性を確保できるような農業・農村改革の方向およびそれを受容する社会の輪郭について、現場の事例を念頭に浮かべながら大まかな見取り図を描いてみました。何がしか世直し的な改革が必要なら、すでにその徴候は何らかの形で現れているはずだと思ったからです。

2016年 1月

東北大学川内キャンパスの研究室にて

工藤 昭彦

序　章

震災が顕わにした「農」の位相

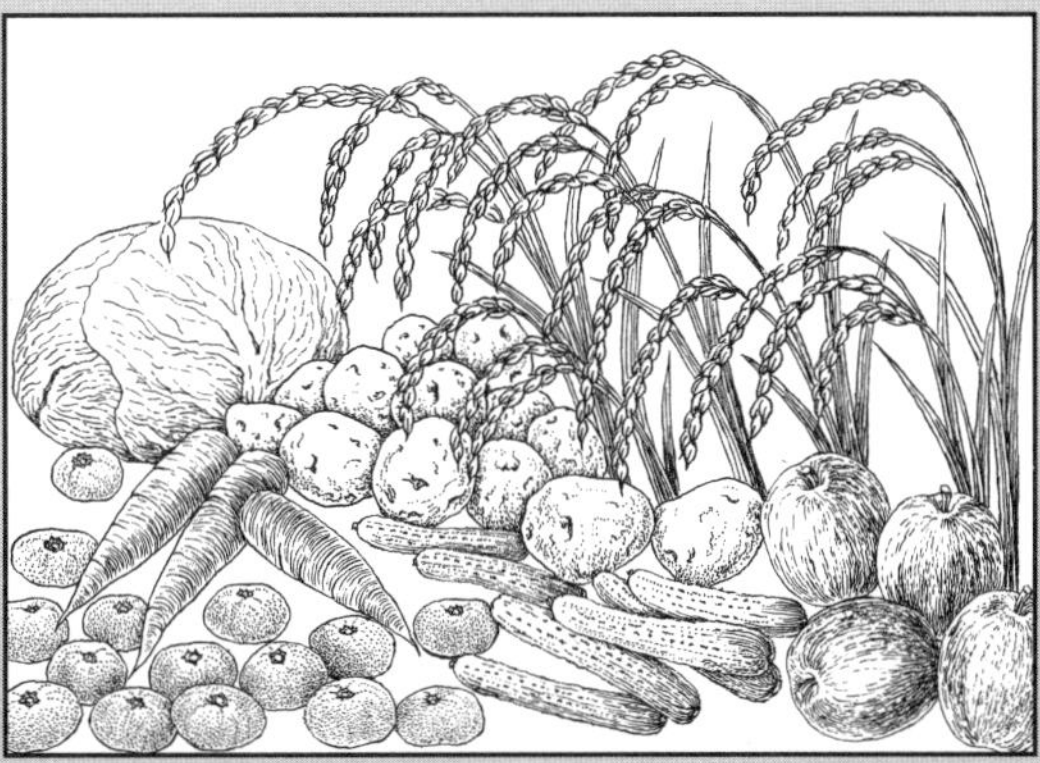

避けられない豊凶変動

伝統的自然産業である農業は、資本主義が始まるはるか以前から世界各国、各地域独特の気候・風土と折り合いをつけながら、人々の暮らしとその営みをともにしてきました。資本主義は、こうした農業と一体的に行われていた衣類生産など工業化しやすい部門を農業から分離することで発展してきたといっていいでしょう。

以来、農業は資本主義にとって「苦手」な産業として、長い間、厄介者的な扱いを受けてきました。その過程で資本主義が「苦手」な農業を首尾よく処理できないことにより発生する社会問題、政治問題は、農業問題と呼ばれるようになりました。

大英帝国時代のイギリスなどは、「苦手」な農業を国内から植民地など途上国に追いやることで処理をしました。それができない時代になると、資本主義各国は時に問題を権力的に抑圧したり、時に農業保護という名目の何がしかの補助金を支給したりするなどして、それぞれに問題の発覚を可能なかぎり封じ込めようとしてきました。

国や時代によりその手法は多種多様ですが、資本主義的合理性・効率性が発揮される世界に農業を取り込むことは、ついぞできなかったといっても過言ではありません。

自然産業である農業は、豊凶変動を回避できないことから、国際農産物市場における投機的な先物取引[1]を誘発し、振幅の大きい価格変動を招いてきました。農産物価格の高騰は働く人々の暮らしを直撃し、失業問題と直結した場合など、一挙に社会不安を掻き立てることになりかねません。

逆に価格の暴落は、農村に過剰人口が滞留している諸国などで、農民の貧困問題を深刻な社会問題、政治問題としてクローズアップさせることになります。

２００８（平成20）年のリーマンショック前後にも似たようなことが起き、食料価格の暴騰で途上国の飢餓人口が瞬時に10億人を突破したと報じられたのは記憶に新しいところです。これまで資本主義はしばしばこういうことを繰り返してきました。

データが示す農業・農村の衰退

「苦手」な農業を国外に追いやることで処理をしてきたという意味では、戦後の我が国もまた例外ではありません。グローバル化の嵐が吹き荒れる中、その傾向はますます強まっています。その結果、我が国の農業・農村は、今や存亡の危機といっても過言ではない状態に追い込まれています。

過去50年間のデータが歴然とそのことを物語っています（**表１**）。１９６０（昭和35）年に６００万ha以上あった耕地面積は、今や４６０万haとおよそ１５０万haが消滅してしまいました。近年は耕作放棄地が40万haと東京都の１・８倍にも及び、そのさらなる増加が懸念されています。

耕地資源の大幅な減少の下で、生産指数で見た国内農業の生産量はこの間わずか１・２倍の伸びにとどまっています。これに対して、農作物の輸入量は12倍と激増しました。この結果、供給熱量（カロリー）ベースの食料自給率は79％から39％、穀物自給率は82％から26％へと激減しました。我が国農業の国民に対する食料供給機能は、著しく弱体化してしまったといわざるをえません。

農家戸数も６００万戸から２５０万戸、農業就業人口も１４５０万人から２６０万人と大幅に減少しました。もっとも、この過程で小規模零細農業の構造改革が進み、世代交代による自立経営農家の成長が見られたのなら、農業の衰退もかなりの程度回避できたかもしれません。現実の推移は、明らかにそれとは異なるものでした。

農家の全面的な兼業化が進む中、１９６１（昭和36）年の農業基本法が育成目標に掲げた自立経営農家のシェアは、１９６０（昭和35）年の８・６％から97年には逆に５％に落ち込んでいます。「他産業従事者と均衡する生活を営むことができるような所得を確保することができる経営」と定義された自立経営農家は育成されないまま、97年を最後に統計の

水田は水資源を涵養するが、維持・管理が危惧される集落が増えてきている

世界からも消え去ってしまいました。

農業就業人口に占める60歳以上の割合は17％から74％と急増し、今や担い手の高齢化により農業の存続が危ぶまれるまでに至っています。一戸当たり耕地面積もいまだ2・0haとEU（欧州連合）27カ国平均の7分の1にしかなりません。規模拡大など構造改革が頓挫したまま担い手の喪失・高齢化が加速され、農業の衰退に拍車がかけられてきたといっていいでしょう。[2]

農村の変貌も著しいものがあります。高度経済成長とともに多くの若者が農村から都市へ流出し、その昔「過剰人口のプール」といわれた農村は、今や過疎化・高齢化に歯止めがかからないなど、その様相は一変しました。

1960（昭和35）年に15万2000を数えた農業集落は13万9000集落と1万3000集落消滅し、それが危惧される集落も数を増しています。かつて「ムラ仕事」として当たり前のように行われてきた農業用排水路や農道の清掃など農業インフラの保全活動も断念せざるをえない集落が目立つように[3]

表1　主要農業の50年

		1960(昭35)年	2010(平22)年	動向
農家数	(万戸)	606	253	約6割減
自立経営農家の戸数シェア	(%)	8.6	5.01[1)]	近年統計なし
農業就業人口	(万人)	1,454	261	約6分の1
うち60歳以上の割合	(%)	17	74	4倍以上
全就業人口に占める割合	(%)	33	4	先進国並み
耕地面積	(万ha)	607	459	約150万ha減
耕地利用率	(%)	134	92	100以下に
耕作放棄地	(万ha)	13[2)]	40	東京都の1.8倍
一戸当たり耕地面積	(ha)	0.9	2.2	仏・独の20分の1以下
農業集落数	(万集落)	15.2	13.9	13,000集落消滅
農業生産指数	(平12年=100)	80.1	95.3[3)]	1985年ピークに減
農産物輸入数量指数	(平12年=100)	8	100.9[4)]	輸入量約13倍
農産物輸入額	(億円)	6,223	48,281	輸入額約8倍
食料自給率1(供給熱量ベース)	(%)	79	39	39%減
食料自給率2(生産額ベース)	(%)	93	69	23%減
飼料自給率	(%)	55[5)]	25	30%減
ＧＤＰに占める農業シェア	(%)	8.7	1.0	フローでは見えず

注:1)1997年、2)1975年、3)2005年、4)2006年、5)1965年の数値とする。
資料:農林水産省「食料・農業・農村白書参考統計表」

なりました。
山間・中山間地域から始まった農村社会の解体・空洞化現象は、地方都市でもシャッター通りが増えるなど、今や地方圏全域にまで広がる勢いを見せています。

震災と「農」復興への回路

2011（平成23）年3月11日、東日本を襲った巨大地震と津波は0太平洋沿岸部の農・漁村を壊滅させました。がけ崩れ、地滑り、ダムの決壊などにより山間・中山間地域農村も深刻な被害を受けました。東京電力福島第一原発の破壊による放射能汚染は、住民の強制避難、農畜産物・水産物の出荷停止や生産制限の拡大を招きながら、風評被害の拡大とも相まって農・漁村の崩壊をドミノ倒し的に加速し続けています。

戦後の衰退過程を瞬時に早送りしたかのような光景は、誰しも心を痛めずにいられないほど悲惨なものでした。

原発をビルトイン（組み込む）した戦後の経済・社会システムをリセットする動きが芽生え始めたのは、単純な復旧・復興などありえないと考える人たちが増えてきたからでしょう。資本主義が「苦手」な農業・農村の復興もまた、グローバル資本主義が加速してきた農業・農村を排除する社会から農業・農村を受け入れる社会への転換という世直し的改革を迫っているのかもしれません。

〈注釈〉

（1）先物取引：価格や数値が変動する各種有価証券・商品・指数等について、未来の売買についてある価格での取引を保証するものをいう。現在の先物取引は、売買の当事者が任意に期日を決め現物を受け渡すことを約する契約（先渡し契約）とは異なり、市場が期日（取引最終日・納会日）を決め、期日までに反対売買により差金決済することが主流である。
先物取引が行われる目的は「価格変動の影響を避けるリスクヘッジ」、「適正価格を定めるための商品価格の調整機能」、「価格変動を利用して利益を得る投機」、「商品の調達先や販路の確保」など複数ある。先物取引では現物を持ち寄らずに、紙上や電子的に取引を行うため、大規模な取引

東日本大震災で水田の中に乗り上げたままの漁船（宮城県気仙沼市。2011年11月）

を行なうことが可能で、巨額の取引により、意図的に価格を吊り上げたり、逆に売り崩したりする投機的取引を誘発する場合があり、市場の混乱の一因ともなる。（Wikipediaなど）

（2）農業就業人口：満15歳以上の農家世帯員のうちで、農業にだけ従事した者と、農業以外の仕事に従事していても農業従事日数の方が多い者の合計。（『新・よくわかる農政用語』全国農業会議所）

（3）農業集落：市区町村の区域の一部において農業上形成されている地域社会のことである。農業集落は、もともと自然発生的な地域社会であって、家と家とが地縁的に結びつき、各種の集団や社会関係を形成してきた社会生活の基礎的な単位である。具体的には、農道・用水施設の維持・管理、共有林野、農業用の各種建物や農機具等の利用、労働力（ゆい、手伝い）や農産物の共同出荷等の農業経営面ばかりでなく、冠婚葬祭その他生活面にまで密接に結びついた生産及び生活の共同体であり、さらに自治及び行政の単位として機能してきたものである。（農林水産省「農林業センサス」）

（4）農業地域類型

◆都市的地域　●可住地に占めるDID面積が5%以上で、人口密度500人以上又はDID人口2万人以上の旧市町村又は市町村。●可住地に占める宅地等率が60%以上で、人口密度500人以上の旧市町村又は市町村。ただし、林野率80%以上のものは除く。

◆平地農業地域　●耕地率20%以上かつ林野率50%未満の旧市町村又は市町村。ただし、傾斜20分の1以上の田と傾斜8度以上の畑の合計面積の割合が90%以上のものを除く。・耕地率20％以上かつ林野率50％以上で、傾斜20分の1以上の田と傾斜8度以上の畑の合計面積の割合が10％未満の旧市町村又は市町村。

◆中間農業地域　・耕地率20％未満で、「都市的地域」及び「山間農業地域」以外の旧市町村又は市町村。・耕地率20％以上で、「都市的地域」及び「山間農業地域」以外の旧市町村又は市町村。

◆山間農業地域　・林野率80％以上かつ耕地率10％未満の旧市町村又は市町村。

注1：決定順位：都市的地域→山間農業地域→平地農業地域・中間農業地域

2：DID［人口集中地域］とは、人口密度約4000人／㎢の国勢調査基本単位区が幾つか隣接し、合わせて人口5000人以上を有する地区をいう。

3：傾斜は、1筆ごとの耕作面の傾斜ではなく、団地としての地形上の主傾斜をいう。

4：本書に用いた農業地域類型区分は、平成25年3月改定（平成25年3月28日付け24統計第1384号）のものである。（農林水産省「農林業センサス」）

第1章

激変した「食」をめぐる状況

飢餓と飽食・過食

戦後、我が国の「食」のあり方は、世界でもまれに見るほど激変しました。戦中・戦後の「飢餓」の時代を知る人はもはや少数派です。その後訪れた「飽食」の時代はとうに過ぎ、大量の「食」が廃棄される「過食」の時代を迎えたといわれてからしばらくたちました。

我が国では年間約9000万tの農林水産物が食用として供給されていますが、そのうち1900万t、比率にして2割以上もの食品が廃棄されています。これは世界の食料援助量約6000万tの、実に3割以上にも及ぶ膨大な量です。このうち一般家庭からの廃棄物が1100万tと食品事業者からの廃棄物800万tをはるかに上回っています。しかも、本来食べられるにもかかわらず廃棄されている食品ロスが年間500万～900万tと食品由来の廃棄物の30～50%を占めるといわれています。同様の現象は、英国や韓国でも見られるようですから、程度の違いはあるにしろ先進国に共通の現象なのかもしれません（**表1－1**）。

さらに我が国の食生活も、戦後、洋風化・多様化・ブランド化・サービス化・ファッション化など、欧米諸国と比べて大きく変貌しました。1970（昭和45）年～2002（平成14）年の三十数年間に米や野菜の消費量が減り肉類や油脂類の消費量が大きく伸びています。これに対して欧米諸国ではフランスで油脂類、ドイツで野菜の消費がやや伸びていますが、食生活全体にそれほど大きな変化は見られません。

隣の韓国などは我が国以上に肉類や油脂類の伸びが目立っているものの、野菜類の消費も増えています。経済発展に伴い国民の所得水準が上昇すると肉類の消費が伸びるといわれていますから、日本や韓国の食生活の変貌はそのせいなのかもしれません（**図1－1**）。

「食」の形態も、外食、中食、個食、孤食といった言葉に象徴されるように急変し、家族全員で食卓を

表１－１　日本、英国、韓国の食品廃棄

国名（2005年人口）	食品廃棄物			食品ロス	
	発生量		内容	発生量	内容
日本（1億2800万人）	約1900万トン			約500万～900万トン	
		事業系　800万トン	製造副産物、調理くず、規格外品、売れ残り、食べ残し	事業系 300万～500万トン	規格外品、売れ残り、食べ残し
		家庭系1100万トン	調理くず、食べ残し、過剰除去、直接廃棄	家庭系 200万～400万トン	食べ残し、過剰除去、直接廃棄
英国（6000万人）	家庭系　約670万トン		購入した食品の約1／3	家庭系　約410万トン	—
韓国（4800万人）	家庭系、飲食店、給食事業者　約418万トン		厨芥残さ、食べ残し	—	—

注：1）日本のデータは、2005年の既存のデータを基に農林水産省総合食品局において推計
　2）英国のデータは、2007年のイングランドとウェールズの家庭での調査により、WRAPにおいて推計
　3）韓国のデータは、2006年の家庭、飲食店、給食事業者の調査により韓国環境省において推計
資料：「食品ロスの現状とその削減に向けた対応方向について―食品ロスの削減に向けた検討会報告―」
　食品ロスの削減に向けた検討会、平成20年12月

図１－１　主要先進国の食生活の変化（1970年→2009年）

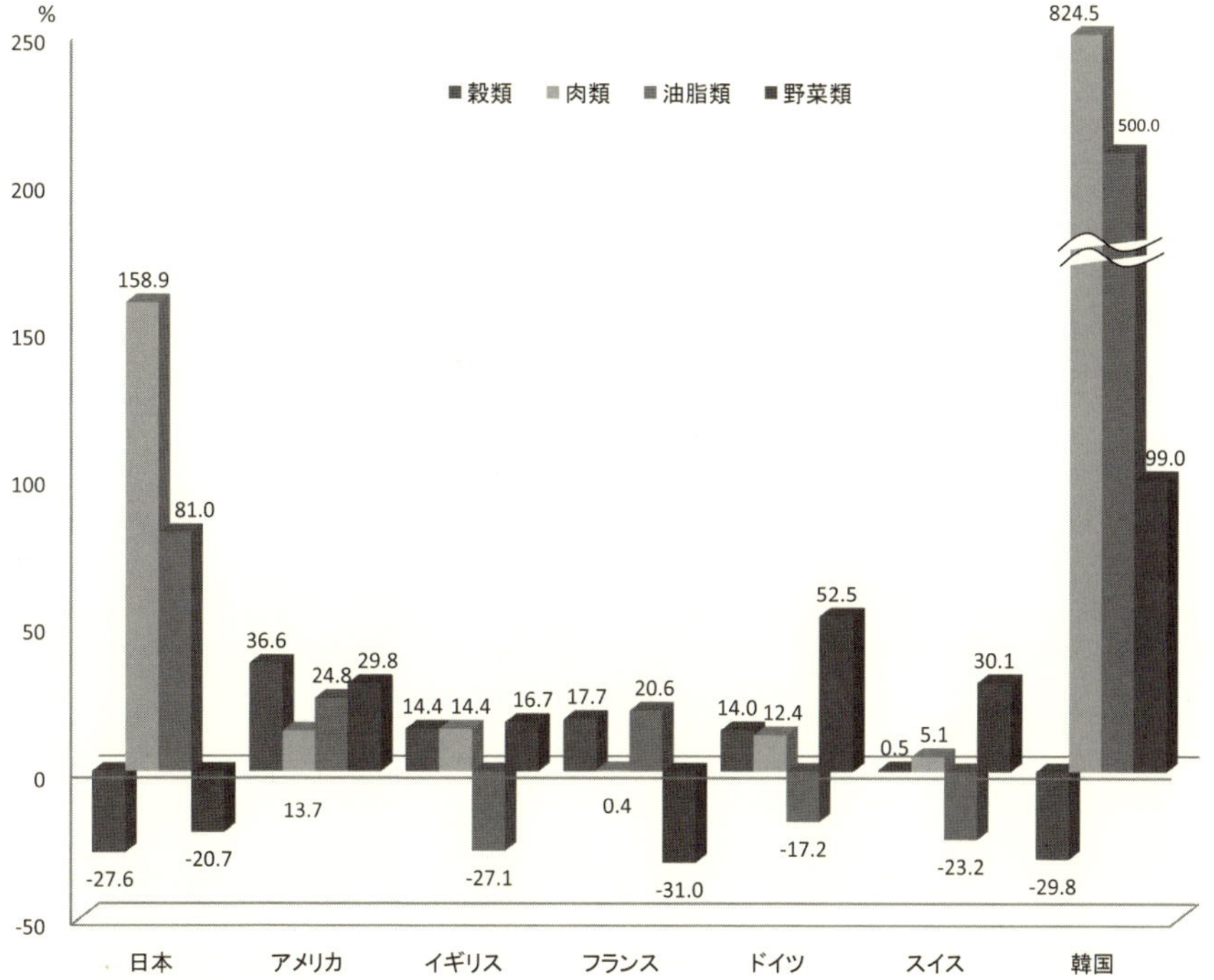

資料：農林水産省「食料需給表」、FAO「FAOSTAT」
出典：農林水産省資料

図1－2　家族と食事の状況

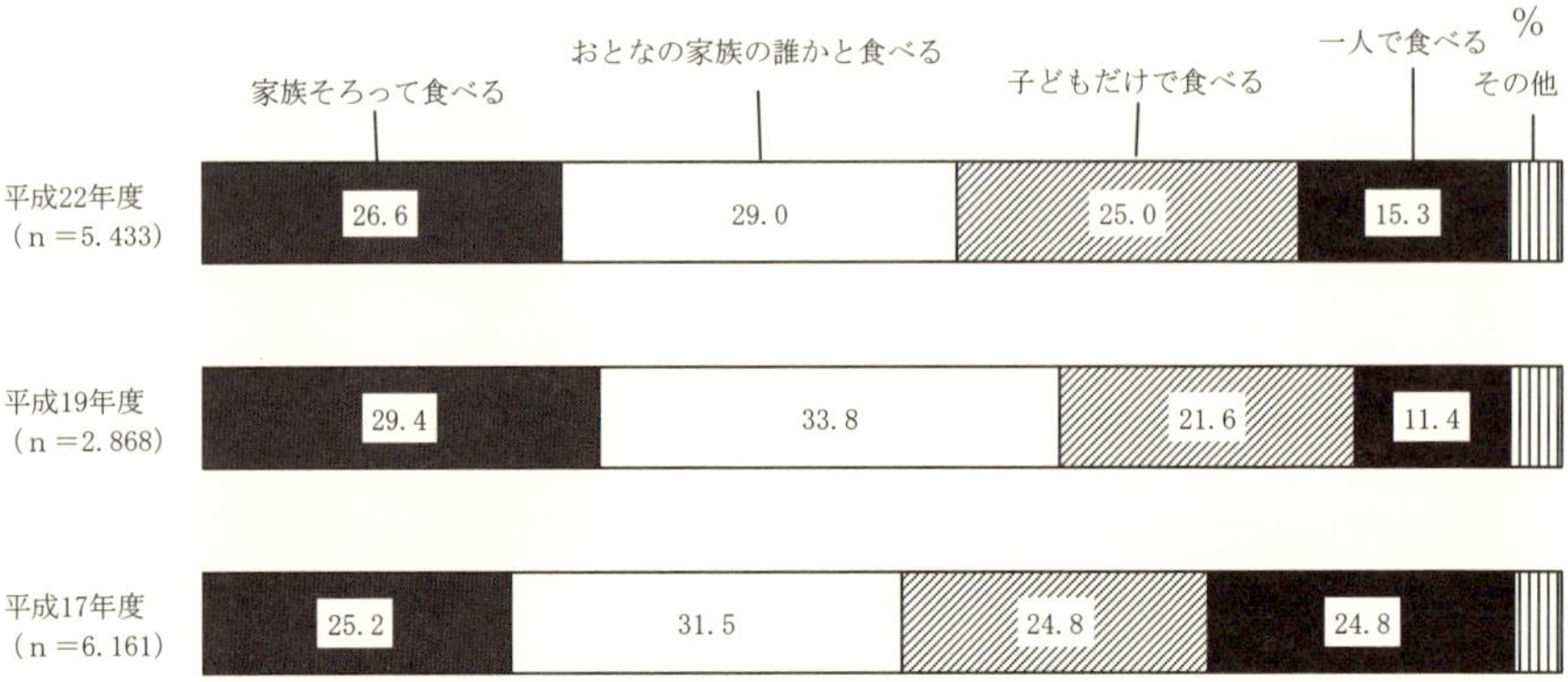

資料:農林水産省「食育白書」平成24年版

囲む機会はめっきり減りました。かつてどこの家庭にもあった卓袱台《ちゃぶだい》[1]も、いつの間にか見かけなくなりました。

朝食を家族そろって食べる小学5年生が26・6％に対して、子どもだけで食べるのが25％と、ともに4分の1程度を占めています。最も多いのはおとなの家族の誰かと食べるという29％ですが、一人で食べるというのも15・3％と1割以上を占めています（**図1－2**）。多少の動きはあるものの2005（平成17）年以降同様の傾向が続いています。近年、食[2]育の推進と併せて日本型食生活を見直す機運が高まっているものの、今のところ目立った変化の兆しは見られません。

低迷する自給率

「食」変貌の裏側で、1960（昭和35）年頃に80％近くあった供給熱量（カロリー）ベースの食料[3]自給率は、十数年前に40％と半減し、先進国の中でも

図1－3　主要先進国の食料自給率（カロリーベース）の推移

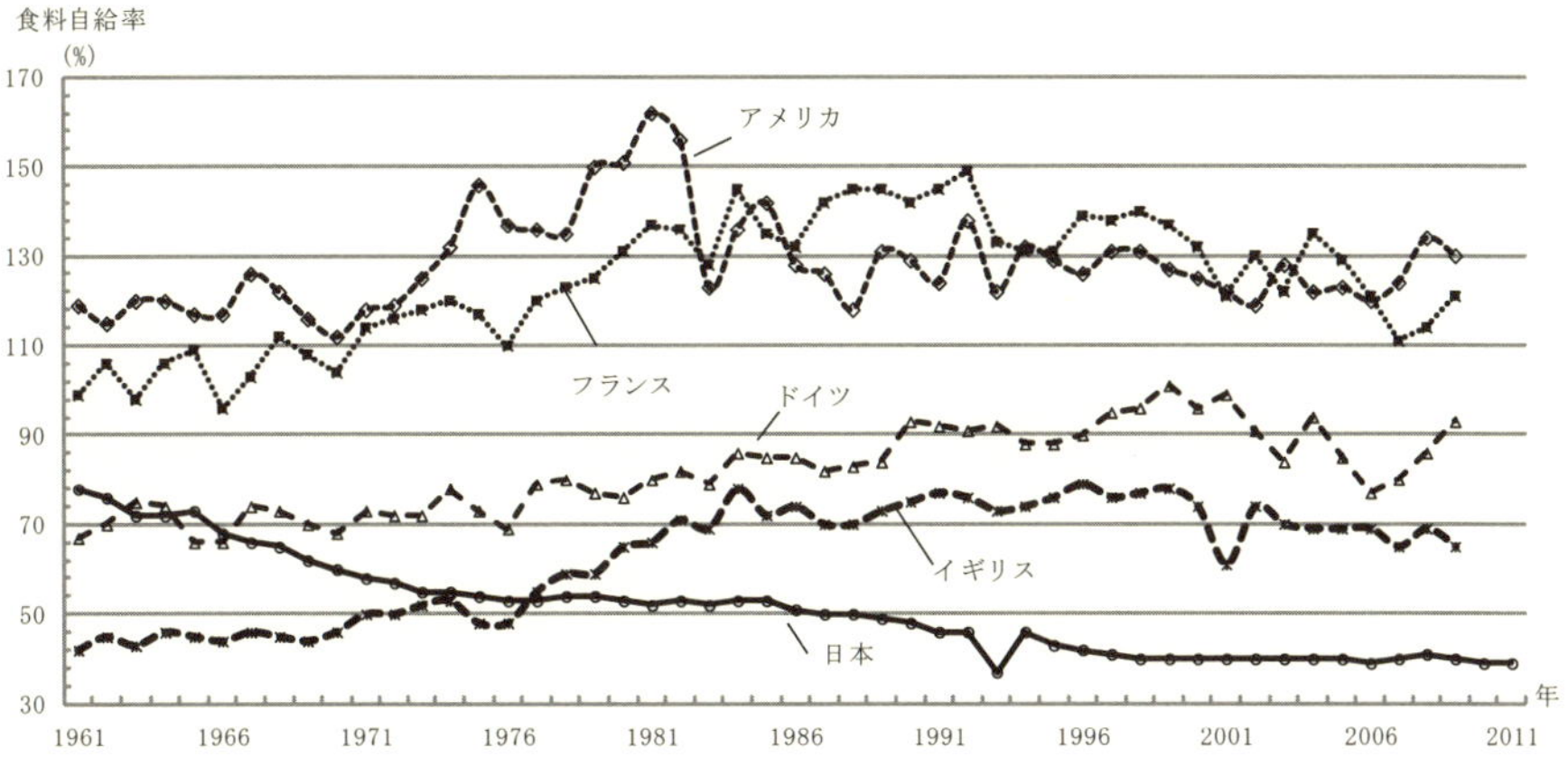

注：日本は2011年まで、他国は2009年まで
資料：農林水産省「食料需給表」、FAO“Food Balance Sheets”等を基に農林水産省で試算
出典：農林水産省「食料需給表」平成23年度

とりわけ低い水準に落ち込んだまま低迷を続けています（**図1－3**）。

畜産物などの輸入と輸入飼料による生産を除いたカロリーベースの自給率はわずか16％です。現在一人一日当たり総供給熱量2436キロカロリーのうち、国産の供給熱量はわずか941キロカロリーにとどまっています。このように低下の一途をたどる自給率を45～50％まで引き上げるという政策目標を掲げていたにもかかわらず、数値は一向に上向くどころか2011（平成23）年には39％に落ち込んでいます（**図1－4**）。

もっとも、金額ベースだと、国内消費仕向額《しむけがく》約14・5兆円のうち国内生産額が9・7兆円と7割近くありますから、あまり心配する必要がないという人もいます。ただ、約2・3兆円の畜産物の国内生産額も、その15％は輸入飼料で生産されています（**図1－4**）。後に見るように、近年、トウモロコシなど穀物の国際価格の高騰などにかんがみるに、輸入濃厚飼料依存型畜産はもとより我が国の海外依存型食料供給も、まことに危うい状態にあるといわざ

図１－４　カロリーベースと生産額ベースの総合食料自給率－2011年度

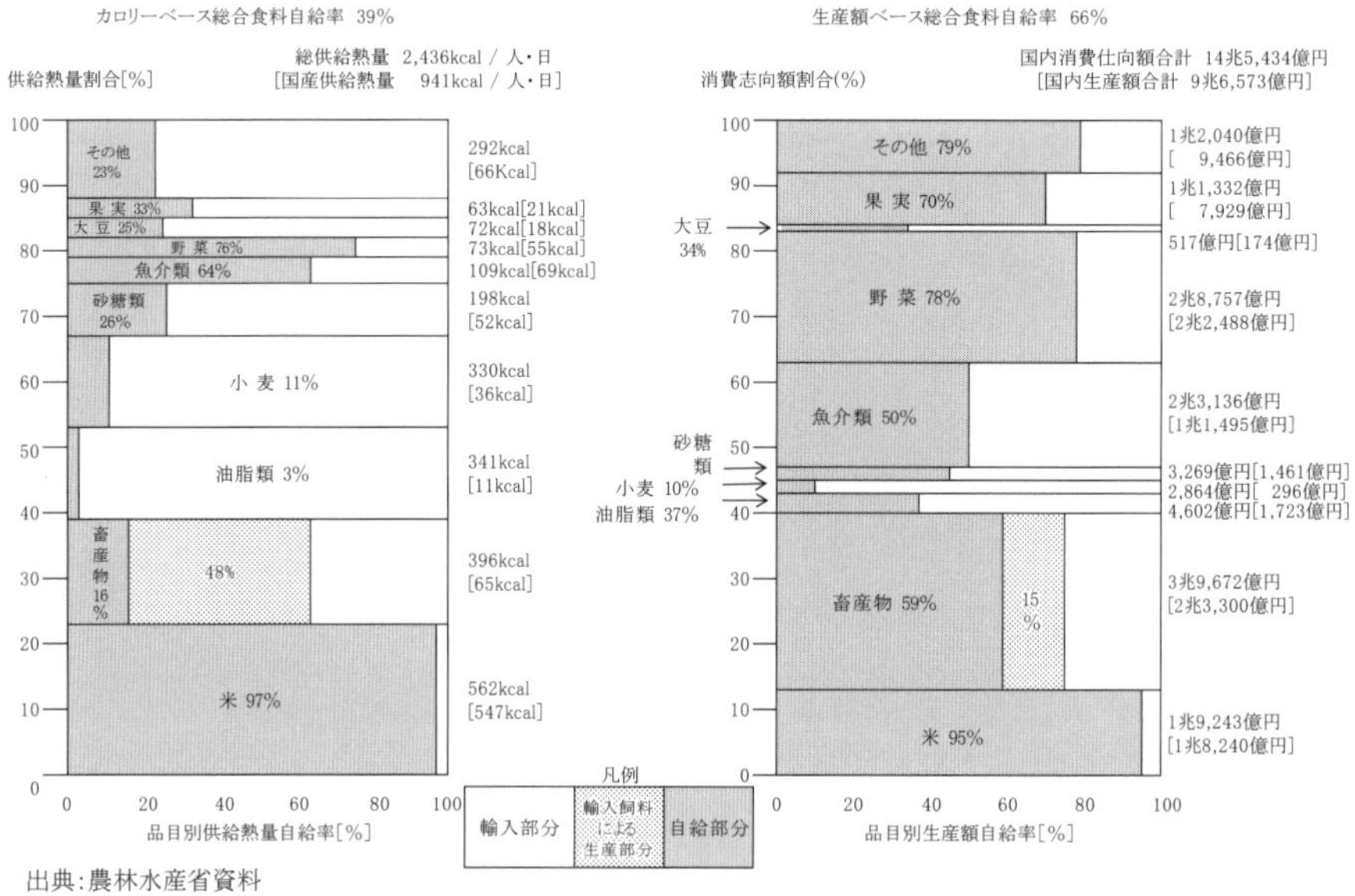

出典:農林水産省資料

るをえません。

環境と飢餓への影響

大量の輸入農産物は作付面積に換算すれば１２００万haと、我が国の耕地面積４６５万haの２・７倍にもなると試算されています。最も多いのは飼料穀物に換算した畜産物で約４００万ha、次いで小麦２００万ha、トウモロコシ１８０万ha、大豆１７６万haと続いています（**図１－５**）。

また、これら輸入農産物を自国で生産した場合に必要な年当たりの水資源量はトウモロコシの１４５億㎥や牛肉の１４０億㎥など合計で６２７億㎥と、国内の農業用水使用量５５２億㎥を上回るという試算もあります（**表１－２**）。

人口増加のもとで途上国を中心に飢餓や水不足が懸念される中、大量の農地や水を世界から買い漁る日本の食料輸入に対しては、早晩国際的な非難が強まるでしょう。

図1－5　主な輸入農産物の生産に必要な海外の作付面積

（単位：万ha）

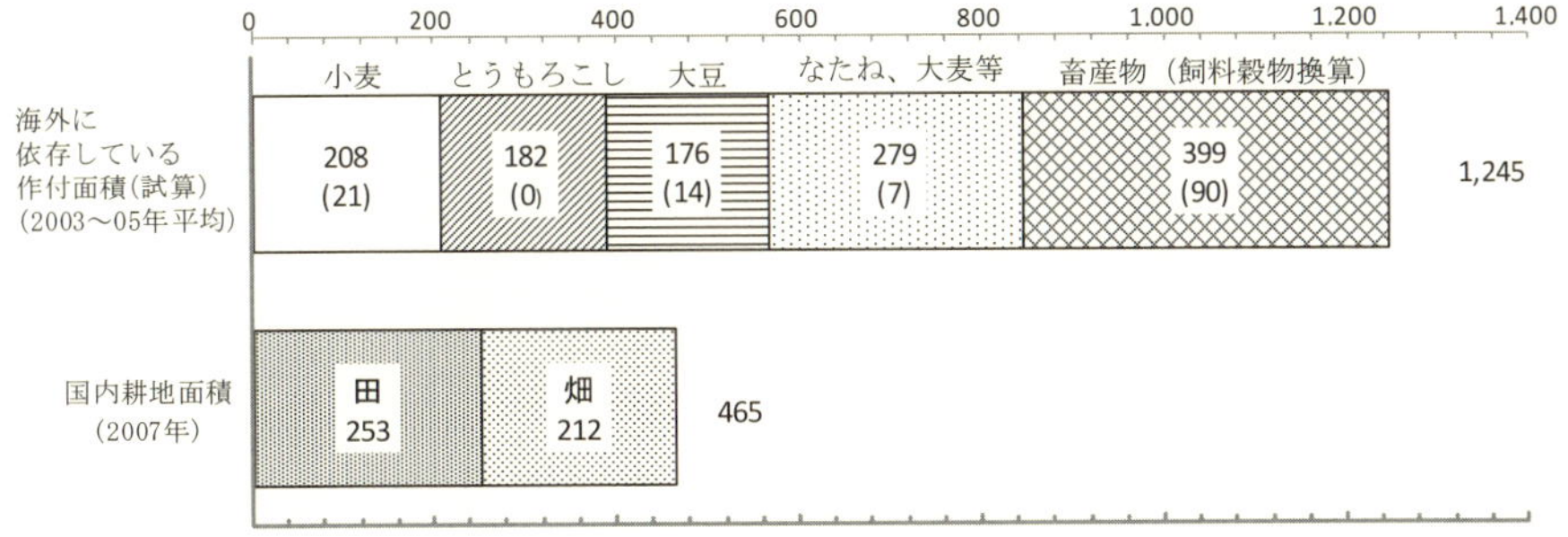

注：(　　)内は2007年の我が国の作付面積
資料：農林水産省「食料需給量」、「耕地及び作付面積統計」、「日本飼養標準」、財務省「貿易統計」、FAO「FAOSTAT」、米国農務省「Year book Feed Drains」、米国国家研究会議(NRC)「NRC飼養標準」を基に農林水産省で作成
出典：農林水産省資料

グレープフルーツなどの輸入農産物が荷揚げされる

食料輸送に伴うＣO_2（二酸化炭素）排出量が地球環境に悪影響を及ぼすことも問題視されています。生産地から食卓までの距離が遠くなるほど輸送に伴うＣO_2の排出量が増え環境への負荷が大きくなるからです。１９９０（平成２）年代に英国から始まった「フード・マイルズ運動」は、近年我が国でも注目され、食料安全保障という考え方だけではなしに、フード・マイレージ（食料の重量×輸送距離で示される指標）を下げ環境負荷を軽減するために

表１－２　我が国への品目別仮想水の量

品目	仮想水の量（億m3/年）	（%）
とうもろこし	145	23
大豆	121	19
小麦	94	15
米	24	4
大麦・裸麦	20	3
牛肉	140	22
豚肉	36	6
鶏肉	25	4
牛乳及び乳製品	22	4
計	627	100

資料：東京大学生産技術研究所の沖大幹教授等のグループによる試算
出典：農林水産省資料

表１－３　各国のフード・マイレージ

	単位	日本		韓国	アメリカ	イギリス	フランス	ドイツ
		平成22年(2010)	平成13年(2001)	平成13年(2001)	平成13年(2001)	平成13年(2001)	平成13年(2001)	平成13年(2001)
食料輸入量	千t［日本＝1］	56,111［0.96］	58,469［1.00］	24,847［0.42］	45,979［0.79］	42,734［0.73］	29,004［0.50］	45,289［0.77］
同上（人口1人当たり）	kg／人［日本＝1］	438［0.95］	461［1.00］	520［1.13］	163［0.35］	726［1.57］	483［1.05］	551［1.20］
平均輸送距離	km［日本＝1］	15,450［1.00］	15,396［1.00］	12,765［0.83］	6,434［0.42］	4,399［0.29］	3,600［0.23］	3,792［0.25］
フード・マイレージ（実数）	百万t・km［日本＝1］	866,932［0.96］	900,208［1.00］	317,169［0.35］	295,821［0.33］	187,986［0.21］	104,407［0.12］	171,751［0.19］
同上（人口1人当たり）	t・km／人［日本＝1］	6,770［0.95］	7,093［1.00］	6,637［0.94］	1,051［0.15］	3,195［0.45］	1,738［0.25］	2,090［0.29］
人口	万人［日本＝1］	12,806［1.01］	12,692［1.00］	4,779［0.38］	28,142［2.22］	5,884［0.46］	6,008［0.47］	8,216［0.65］

注：1）フード・マイレージ＝輸送量×輸送距離、CO_2排出量＝輸送量×輸送距離×CO_2排出係数
　　2）下段は平成13（2001）年の日本の値を1.00とした指数
資料：農林水産省作成
出典：農林水産省「食料・農業・農村白書参考統計表」平成23年版

も、食料自給率の向上や地産地消が必要だといわれています。

ちなみに2001（平成13）年の我が国のフード・マイレージは約9002億t・kmとアメリカの3倍、イギリスやドイツの5倍、フランスの9倍にも及んでいます。人口一人当たりにすればアメリカの7倍などその値はもっと高くなります。2010（平成22）年のフード・マイレージは以前に比べて約8669億t・kmとやや減少していますが、欧米諸国のそれを大きく上回っていることに変わりはありません。なお、食料の輸入依存を高めている韓国のフード・マイレージも、一人当たりにすれば我が国とさほど変わらない水準になっています**（表1-3）**。

こうした情報が行きわたるにつれ、近頃は「食料安全保障」といったやや硬直的な観点からのみならず、いまだ飢えに苦しむ人々が世界に10億人前後もいるといわれる中、輸入依存型過食大国日本の「食」のあり方に憤《いきどお》りを覚える人も増えてきました。毎日5秒に一人の割合で子どもが餓死を余儀なくされている世界から、あり余るほどの「食」資源、それに要する大量の耕地や貴重な水を奪い続けることに対する憤りです。

日本版スローフード

BSE[4]（牛海綿状脳症）や輸入野菜等の残留農薬汚染、さらには食品企業や百貨店、レストラン等による一連の「食」の偽装など、人の命と健康に関わる「食」の問題がクローズアップされるにつれ、安全・安心な近場の「食」への関心が高まっています。イタリアのピエモンテ州ブラ村から始まったスローフード運動[5]は、我が国でも「地産地消」、「身土不二」[6]、「食育」といった言葉とともに各地に浸透しています。

2010年の世界農林業センサスによれば、農産物直売所（ファーマーズマーケット）は全国で1万7000カ所ほど開設され、5年前より3000店舗以上、比率にして24%も増えています**（表1-**

表１－４　直売所数および販売金額

	区分	計	運営主体			
直売所数			地方公共団体	第3セクター	農業協同組合	その他
	2005年	13538.0	…	…	…	…
	2010年	16816.0	203.0	450.0	2304.0	13859.0
販売金額（億円）	区分	計	農業協同組合	生産者又は生産者グループ	第3セクター	その他
	2009年	8767 (100)	2811 (32.1)	2452 (28.0)	518 (5.9)	2986 (34.1)
産地別販売金額比率(%)	地場農産物			自都道府県農産物		その他
	73.2			8.4		18.4

資料：直売所数は農林水産省「2010年世界農林業センサス」
販売金額は農林水産省「産地直売所調査結果概要」（平成21年度結果）

「新鮮・安全・安心」を打ち出し、堅調に推移してきた農産物直売所（福島県郡山市・JA愛情館）

表1－5　学校給食における地場産農産物の活用状況

平成16年度	平成17年度	平成18年度	平成19年度	平成20年度	平成21年度	平成22年度
21.2%	23.7%	22.4%	23.3%	23.4%	26.1%	25.0%

調査対象：学校給食を実施する公立小・中学校のうち、約500校をサンプリング調査
調査項目：学校給食に使用した食品数のうち地場産食品数の割合

都道府県別活用状況（平成22年度）		
	30%超	北海道、岩手県、宮城県、秋田県、新潟県、富山県、石川県、長野県、和歌山県、鳥取県、岡山県、山口県、徳島県、香川県、高知県、佐賀県、長崎県、熊本県、大分県、宮崎県、鹿児島県（21道県）
	20%～30%	青森県、山形県、福島県、茨城県、栃木県、群馬県、千葉県、福井県、山梨県、岐阜県、静岡県、愛知県、三重県、滋賀県、京都府、兵庫県、奈良県、島根県、広島県、愛媛県、福岡県、沖縄県（22府県）
	20%未満	埼玉県、東京都、神奈川県、大阪府（4都府県）

資料：文部科学省調べ
出典：内閣府「食育白書」平成24年版

4）。年間総販売金額は8700億円以上で、売上の7割以上を地場産農産物が占めるなど、「地産地消」にこだわった各地の取り組みが静かなブームを呼んでいます。

地元の農家と連携して学校給食に地場産の米や野菜を取り入れる試みも増えてきました。文部科学省等の調査によれば、学校給食に地場産農産物を使用している割合は今のところ20％台半ばにとどまっているものの、食育基本計画の2015（平成27）年の目標値である30％をすでに上回っている道府県が21にも及んでいます**（表1－5）**。米飯給食の週当たり回数も全国平均で3・2回と以前より増える傾向にあります。完全給食を実施している3万校以上の小・中学校は全て米飯給食に取り組み、900万人を超える児童生徒にそれが普及するまでに至っています。

スーパーや百貨店など量販店でも、今では必ずといっていいほど「インショップ」[7]という形で「地産地消」コーナーを設けるようになりました。安全・安心な情報を瞬時に伝達できるトレーサビリティ[8]へ

図1－6　我が国におけるトレーサビリティ制度

	米トレーサビリティ法	牛トレーサビリティ法
趣旨	食品としての安全性を欠くものの流通を防止するなどの措置の実施の基礎とし、米穀等の所在や流通ルートを特定すること等	BSEのまん延を防止することを目的に、疾病発生時に患畜の同居牛や疑似患畜の所在や移動履歴を特定すること等
概要	・米及び米加工品の譲受け、譲渡しに係る情報の記録の作成・保存を事業者に義務付け ・米及び米加工品の販売や提供の際に産地情報の伝達を事業者に義務付け	・牛の出生、譲受け、譲渡し等に係る情報について、牛一頭ごとに個体識別番号を付与し、個体識別台帳に記録することにより管理 ・牛肉の販売の際に個体識別番号の表示を事業者に義務付け

出典：農林水産省「食料・農業・農村白書」平成25年度版

表1－6　食品中の放射性物質の暫定規制値と新基準値
－放射性セシウム－

暫定規制値（ベクレル/kg）		新基準値（ベクレル/kg）	
飲料水 牛乳・乳製品	200	一般食品	100
		飲料水	10
野菜類 穀類 肉・卵・魚・その他	500	牛乳・乳製品 乳児用食品	50

資料：厚生労働省資料を基に農林水産省で作成
出典：農林水産省「食料・農業・農村白書」平成24年度版

の取り組みは、BSE対策の一環として牛トレーサビリティ法により2004（平成16）年の暮れから実施されました。

2011（平成23）年の7月からは米トレーサビリティ法により、米や米加工品についても産地情報の伝達が義務づけられることになりました。近年はこれ以外の多くの食品にトレーサビリティシステムを導入する動きが広がっています（**図1－6**）。

こうした一連の取り組みは、3・11の東日本大震災とりわけ原発事故による放射能汚染や風評被害が広がる中、突如として苦戦を強いられるようになりました。厚生労働省は原発事故から6日たった3月17日、食品中の放射性物質の暫定規制値を設定しました。

これに基づき農畜産物に含まれる[9]放射性物質濃度の検査が開始され、米や肉などが1kg当たり500ベクレルの規制値を上回った場合、出荷制限等が行われるようになりました。翌12年4月からは一般食品に100ベクレルというより厳しい新基準値が適用されることとなり、より詳細な出荷制限・解除等の措置が講じられています**（表1－6）**。

生産現場では徹底して農地の除染を行い、出荷農産物の放射性物質の検査結果を包み隠さず公表するなどして、消費者の信頼を取り戻す粘り強い取り組みが続いています。

こうした取り組みを支援する多くの人々に支えられながら、食の安全・安心、地産地消など日本版スローフード運動の足腰は、これまで以上に鍛えられていくことでしょう。

図1－7　国民一人当たり摂取熱量・PFC摂取比率の推移

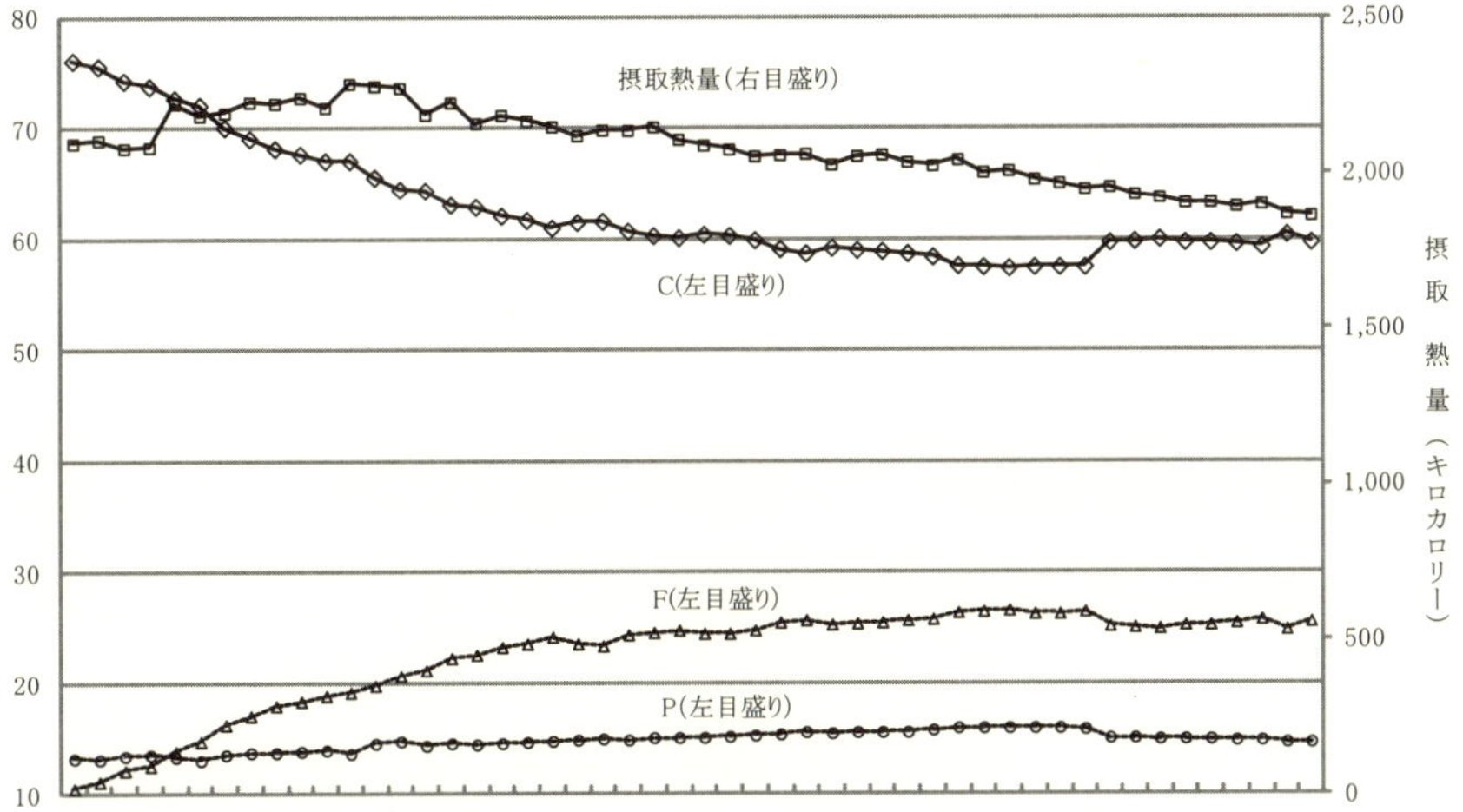

資料：厚生労働省「国民栄養調査」、「国民健康・栄養調査」
　　　P＝たんぱく質、F＝脂質、C＝糖質
出典：農林水産省「食料・農業・農村白書参考統計表」平成23年版

「食事バランスガイド」の認知度

食生活の見直しも始まりました。今から30年以上も前の1980（昭和55）年頃、P（たんぱく質）、F（脂質）、C（糖質）バランスが理想的だといわれた日本型食生活は、その後、米や野菜の消費が減

図１－８　食事バランスガイド

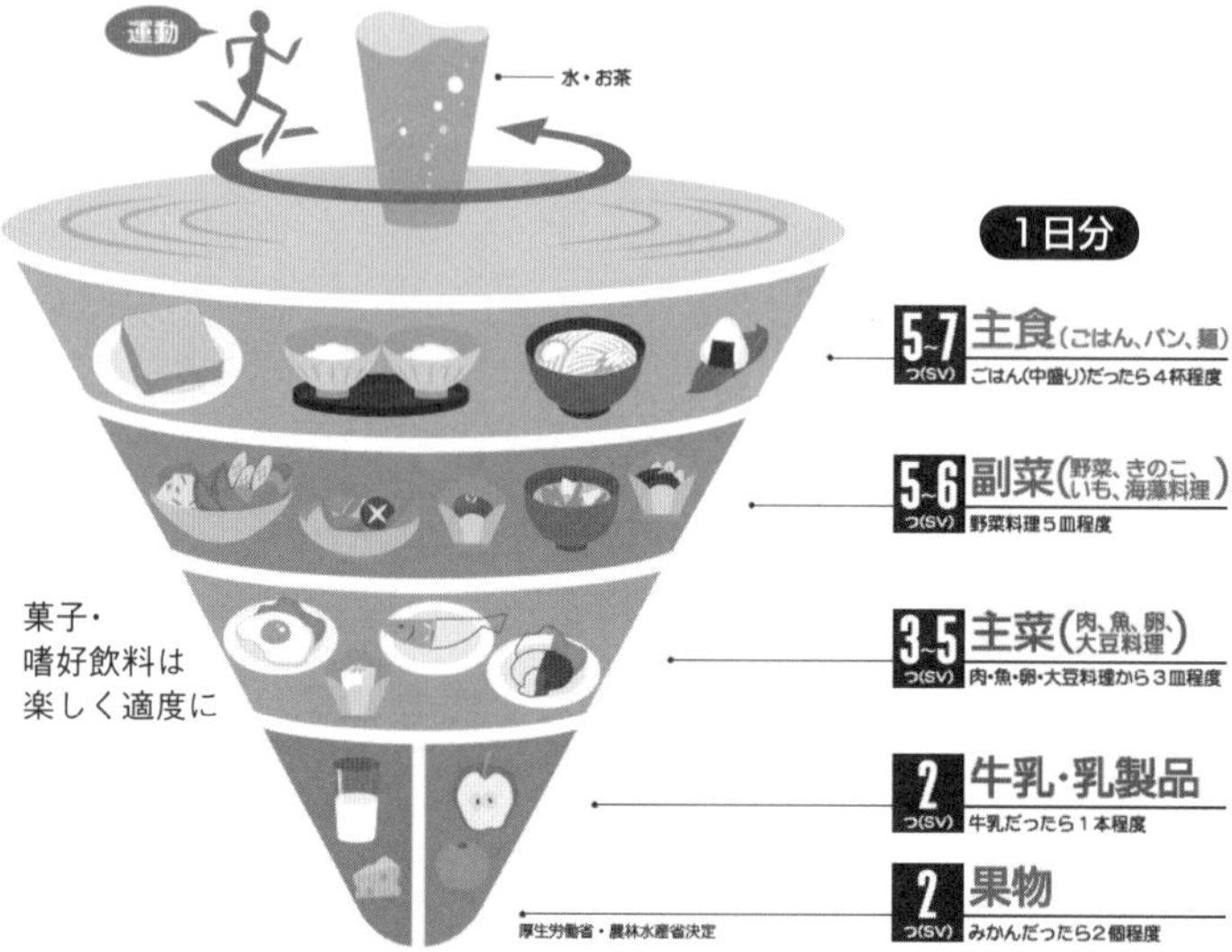

注：1）イラストは適切な食事と運動により、こまの回転に例えて食生活が安定することを表したもの。
　　2）料理を五つに区分し、食事の提供量を「つ（SV＝サービング）」という単位で示している。
資料：厚生労働省、農林水産省

図１－９　食事バランスガイドの認知度

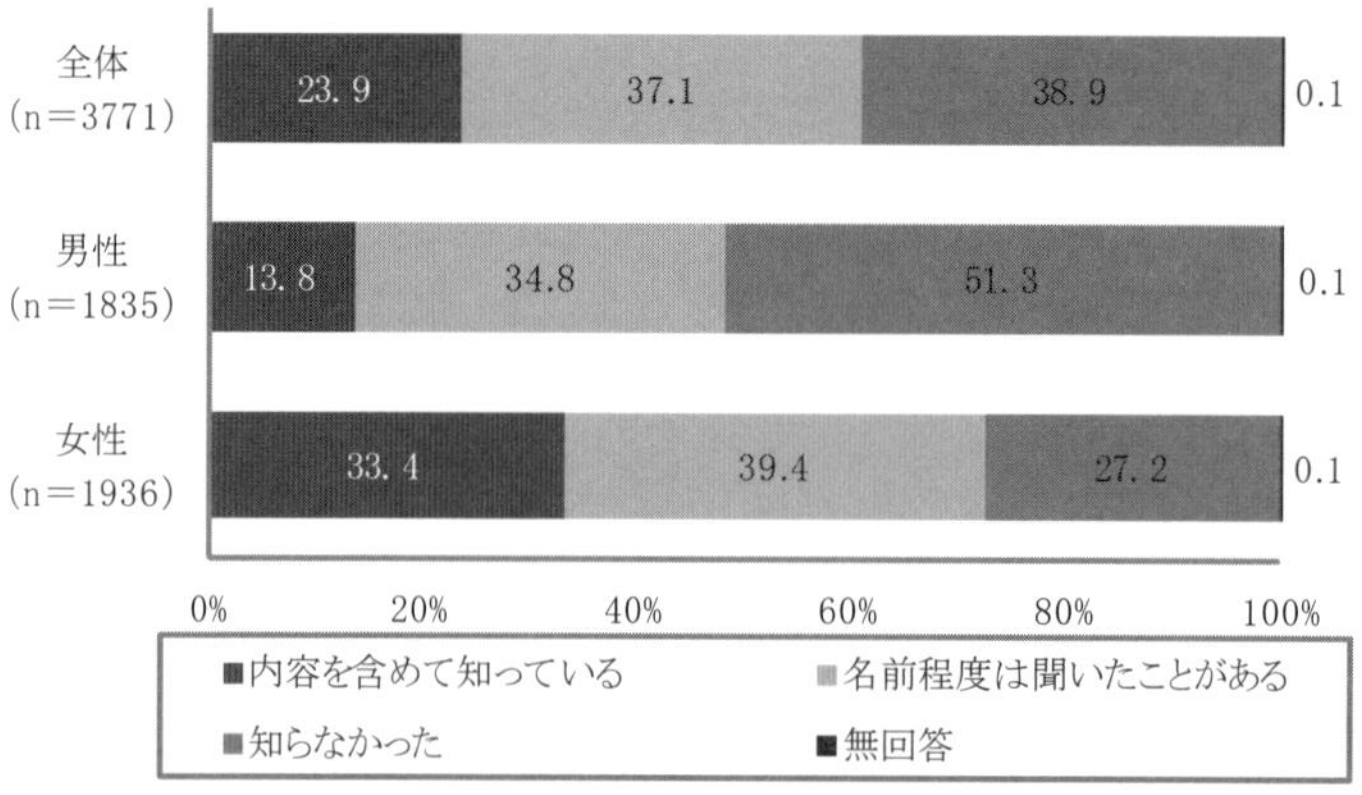

資料：「平成23年度食生活及び農林漁業体験に関する調査報告書」
（株）流通システムセンター　平成24年

ごはんは昔も今も主食の主役。写真は米に麦、アワなどを加えた五穀ごはん

り畜産物や油脂類の消費が伸びたことにより、今ではＦやＰの摂取量が増えています（**図１－７**）。子どもたちの間でも、朝食欠食などの食生活の乱れや、肥満の拡大、過度の痩身、ひいてはこれらが心身に及ぼす影響などが問題視されるようになりました。

「過食」の時代が招いた多様な問題を深刻に受け止めながら、改めて我が国の望ましい「食」のあり方を目指すため、２００５（平成17）年には「食育基本法」が施行され、「食育基本計画」に基づく多様な取り組みが始まりました。健康な食生活への指針として策定された「食事バランスガイド」[10]（**図１－８**）に対する国民の認知度も、２０１２（平成24）年には６割を上回るなど次第に高まる傾向にあります（**図１－９**）。

こうした中、日本政府は２０１２年３月、「和食：日本人の伝統的な食文化」と題して、日本食文化をユネスコの世界無形文化遺産[11]に申請し、翌２０１３（平成25）年12月12日登録が決まりました。地盤沈下が進む我が国の「農」もまた、こうした「食」再生の多様な取り組みを「農」再生の起動力に転じていくことが望まれているでしょう。多少立ち入って弱体化が目立つ「農」の現状を見るならば、そのことはよりはっきりします。

〈注釈〉

（1）卓袱台（ちゃぶ台）：卓袱代・飯台・食台とも書かれ、食事用の座卓の一種。日本座敷で使用される高さ約30㎝（1尺）の脚の低い食卓で、形には、方形・長方形・円形・楕円形などがあり、普通、脚は四本で、これに固定式と折り畳み式のものがある。ちゃぶ台が使用され始めたのは、大正初期から昭和の初め頃と考えられる。それまで、食事には、一人一人の配膳などが使用されていたが、家族一同、ちゃぶ台を囲んで、食事をするようになり、従来の日本の家族団らんのあり方や食事の習慣に大きな変化を与えたといえる。（歴史学会編『郷土史大辞典』下）

（2）食育基本法：「食」と「農」の距離が遠くなってしまい、消費者から食料生産（農業）の現場が見えにくくなり、それが食生活の乱れや食文化伝承の障害になっているという現代の国民的な問題点に着目し、食と農に関する教育や啓発を推進していくことをめざしてつくられた法律。2005年7月に施行され、内閣府に食育推進会議が設置された。法律では「食育」とは、「生きる上での基本であって、知育、徳育および体育の基礎となるべきもの」「様々な経験を通じて食に関する知識と食を選択する力を習得し、健全な食生活を実践することができる人間を育てること」と説明されている。（『地上』付録「農業政策ミニ用語辞典」）

（3）食料自給率：国内の食料消費が、国産でどの程度賄えているかを示す指標である。その示し方については、単純に重量で計算することができる品目別自給率と、食料全体について共通の「ものさし」で単位を揃えることにより計算する総合食料自給率の2種類がある。このうち、総合食料自給率は、熱量で換算するカロリーベースと金額で換算する生産額ベースがあり、2つの指標とも長期的に低下傾向で推移している。

品目別自給率は、左記の算定式により、各品目における自給率を重量ベースで算出。

品目別自給率＝国内生産量／国内消費仕向量

（＝国内生産量＋輸入量－輸出量－在庫の増加量（又は＋在庫の減少量））

（例）小麦の品目別自給率（平成26年度）＝小麦の国内生産量（85・2万トン）／小麦の国内消費仕向量（657・9万トン）＝13％

総合食料自給率は、食料全体における自給率を示す指標として、供給熱量（カロリー）ベース、生産額ベースの2とおりの方法で算出。畜産物については、国産であっても輸入した飼料を使って生産された分は、国産には算入していない。このうちカロリーベース総合食料自給率は、「日本食品標準成分表2010」に基づき、重量を供給熱量に換算したうえで、各品目を足し上げて算出。これは、1人・1日当たり国産供給熱量を1人・1日当たり供給熱量で除したものに相当。

（例）カロリーベース総合食料自給率（平成26年度）＝1

人1日当たり国産供給熱量（947㎉）／1人・1日当たり供給熱量（2415㎉）＝39％
生産額ベース総合食料自給率は、「農業物価統計」の農家庭先価格等に基づき、重量を金額に換算したうえで、各品目を足し上げて算出。
これは、食料の国内生産額を食料の国内消費仕向額で除したものに相当。
（例）生産額ベース総合食料自給率（平成26年度）＝食料の国内生産額（9・8兆円）／食料の国内消費仕向額（15・3兆円）＝64％（農林水産省）

（4）ＢＳＥ（牛海綿状脳症）：Bovine Spongiform Encephalopathy。牛の脳組織がスポンジのように変質する伝染病。細胞タンパク質が突然変異を起こしてできる異常プリオンにより、脳や神経細胞が破壊され、立てなくなるなどの症状を示し、最後は死に至る。感染原因は、牛のくず肉などで作る肉骨粉の原料に、ＢＳＥ感染牛の部位が混ざり、それを飼料としてほかの牛に与えたことと考えられているが、完全には解明されていない。
1986年にイギリスで初めてＢＳＥ感染牛が確認され、90年代にはヨーロッパ全土に拡がり、ＯＩＥ（国際獣疫事務局）の統計によると、2005年8月までに世界で19万頭近い発症牛を確認。日本では01年9月に初めて見つかり、05年8月までに20頭を確認。人の病気である変異型クロイツフェルト・ヤコブ病との関連が疑われているが、まだ解明されていない。（『地上』付録「農業政策ミニ用語辞典」）

（5）スローフード運動：北イタリアから発生した運動で、質の良い食文化をまもり、その良さ、楽しさを認識すること。ファーストフードに代表される多忙な現代人の食生活を見直し、地域に残る食文化を将来に伝えていこうという活動。伝統的な食材・料理や質の良い食材を提供する小生産者の保護、消費者の食の教育などの推進を行う。（『新・よくわかる農政用語』全国農業会議所）

（6）身土不二：「人の命と健康は食べ物で支えられ、食べ物は土で育てるのだから、人間の身と土は一体」という考え方。14世紀中国の普度法師という僧が書いた本に出てくる言葉。韓国では国産農産物愛用運動のスローガンにもなっている。「医食同源」と同じ考え方で、我が国では、明治30年代に福井県出身の軍医・石塚左玄らによる「食養道運動」のスローガンとして使われ、住んでいる場所から四里四方（16キロ四方）でとれる旬のものを食べることが理想とされた。「地産地消」にも通ずる。（『新・よくわかる農政用語』全国農業会議所）

（7）インショップ：デパートやショッピングセンターなどの大型店の売場に、比較的小規模の独立した店舗形態の売場を設置すること。消費者の購買動機が多様化し、専門化したことによって、豊富な品揃えやその分野に関する深い知識が要求されるようになり、一般的な売場の中に専門店としての機能をもつ売場が必要となってきた。その結果、店（大型店）の中の店（イン・ショップ）という形態が出現した。（https://kotobank.jp/ 流通用語辞典）

（8）トレーサビリティ：英語のtrace（追跡）とability（可能）を組み合わせた言葉。食品などの生産から、加工、流通まで、各段階で原材料の出所や製造元、販売先などの記録（履歴）を記帳・保管し、その情報を追跡できるようにする仕組み。食品の安全性について問題があった場合の原因究明や追跡・回収を容易にし、食品の安全性や品質、表示にたいする消費者の信頼確保に役立てるもの。トレーサビリティが確立していることを示すＪＡＳ法上の「生産情報公表ＪＡＳ規格」も２００３年12月の牛肉を皮切りにスタートした。生産者が任意で登録認定機関の認証を受け、合格した食品はＪＡＳマークをつけることができる。（『地上』付録「農業政策ミニ用語辞典」）

（9）放射性物質の規制：飲料水や食べ物に含まれる放射性物質については、原子力安全委員会が示していた指標を食品衛生法上の「暫定規制値」とし、これを上回る食品については、食用に供されることがないよう、食品衛生法において規制がなされている。

これら暫定規制値の根拠となっている原子力安全委員会の指標は、①国際放射線防護委員会（ＩＣＲＰ）が勧告した放射線防護の基準を基に、放射性ヨウ素の場合は甲状腺等価線量50ミリSv（シーベルト）／年（実効線量で２ミリSv（シーベルト）／年）、放射性セシウムの場合には実効線量５ミリSv（シーベルト）／年とし、②飲料水、牛乳・乳製品、野菜類、穀類、肉・卵・魚・その他の食品ごとに１／５ずつ割り当て、さらに我が国におけるこれら食品の摂取量及び放射性セシウム及びストロンチウムの寄与を考慮して各食品カテゴリーごとに算出し、求めたものである。（『食料・農業・農村白書』平成23年度版）

（10）食事バランスガイド：１日に、「何を」、「どれだけ」食べたらよいかを考える際の参考にしてもらうため、食事の望ましい組み合わせとおおよその量をイラストでわかりやすく示したもの。健康で豊かな食生活の実現を目的に策定された「食生活指針」（平成12年３月）を具体的に行動に結びつけるものとして、平成17年６月に厚生労働省と農林水産省が決定。（農林水産省）

（11）無形文化遺産：「無形文化遺産の保護に関する条約」は２００３年10月にユネスコ総会で採択され、２００６年４月に発効、日本も２００４年（平成16）に締結しており、２０１３年12月の時点で締約国は１５７か国に及ぶ。同条約によると、無形文化遺産とは「慣習、描写、表現、知識及び技術並びにそれらに関連する器具、物品、加工品及び文化的空間であって、社会、集団及び場合によっては個人が自己の文化遺産の一部として認めるものをいう」（第２条）としている。

無形文化遺産に含められるものとしては、⑴口承による伝統および表現（言語を含む）、⑵芸能、⑶社会的慣習、⑷儀式および祭礼行事、⑸自然および万物に関する知識および慣習、⑹伝統工芸技術、などである。（https://kotobank.jp/日本大百科全書）

第２章

弱体化した「農」の根幹

輝いていた「農」の世界

我が国の「農」も輝いていた時代が確かにありました。食料増産が国家的課題であった敗戦からの復興期、農地改革により自分の農地を手にした多くの農民は一挙に増産意欲を掻き立てられました。「食」の量とりわけ主食である米の量を確保するために、国はもとより農民も一丸となって増産に立ち向かったのです。日本がまだ貧しかった時代であったとはいえ、自らの創意工夫で技術革新に挑戦する篤農家[1]と呼ばれる人々を輩出したこの頃は、我が国の「農」がまだ輝きを放っていました。

国を上げての取り組みは、１９５５（昭和30）年、１２００万ｔと史上まれに見る米の大増産をもたらしました。国民が飢餓の恐怖から完璧に解き放たれたという意味で、我が国の「農」もまた、同年の経済白書がいう「もはや戦後ではない」時代を迎えることになりました**（図２－１）**。

訪れた転機

神武、岩戸、いざなぎ景気と続いた高度経済成長は、オイルショック以降しばらく減速したものの、プラザ合意[2]による円高不況をわずか1年数カ月ではねかえし、バブルがはじける１９９０（平成２）年代初頭まで丸ごと日本列島を飲み込みました。食料難時代が去った以上、我が国の「農」もまた新たな転進を余儀なくされることになります。

１９６１（昭和36）年の「農業基本法」が描いた転進のシナリオは、過剰が懸念される米から需要増大が見込まれる肉・乳製品・果実など「選択的拡大」[3]へと生産をシフトさせ、併せて規模拡大により生産性の高い「自立経営農家」を育成するというものでした。事実、１９７０（昭和45）年には７２０万ｔ、10年後の80（昭和55）年には６６６万ｔもの米が過剰となり、米から他作物等への転作政策が40年以上もの長きにわたって続いています**（図２－**

図2－1　水稲の単収・作付面積・収穫量の推移—3カ年移動平均

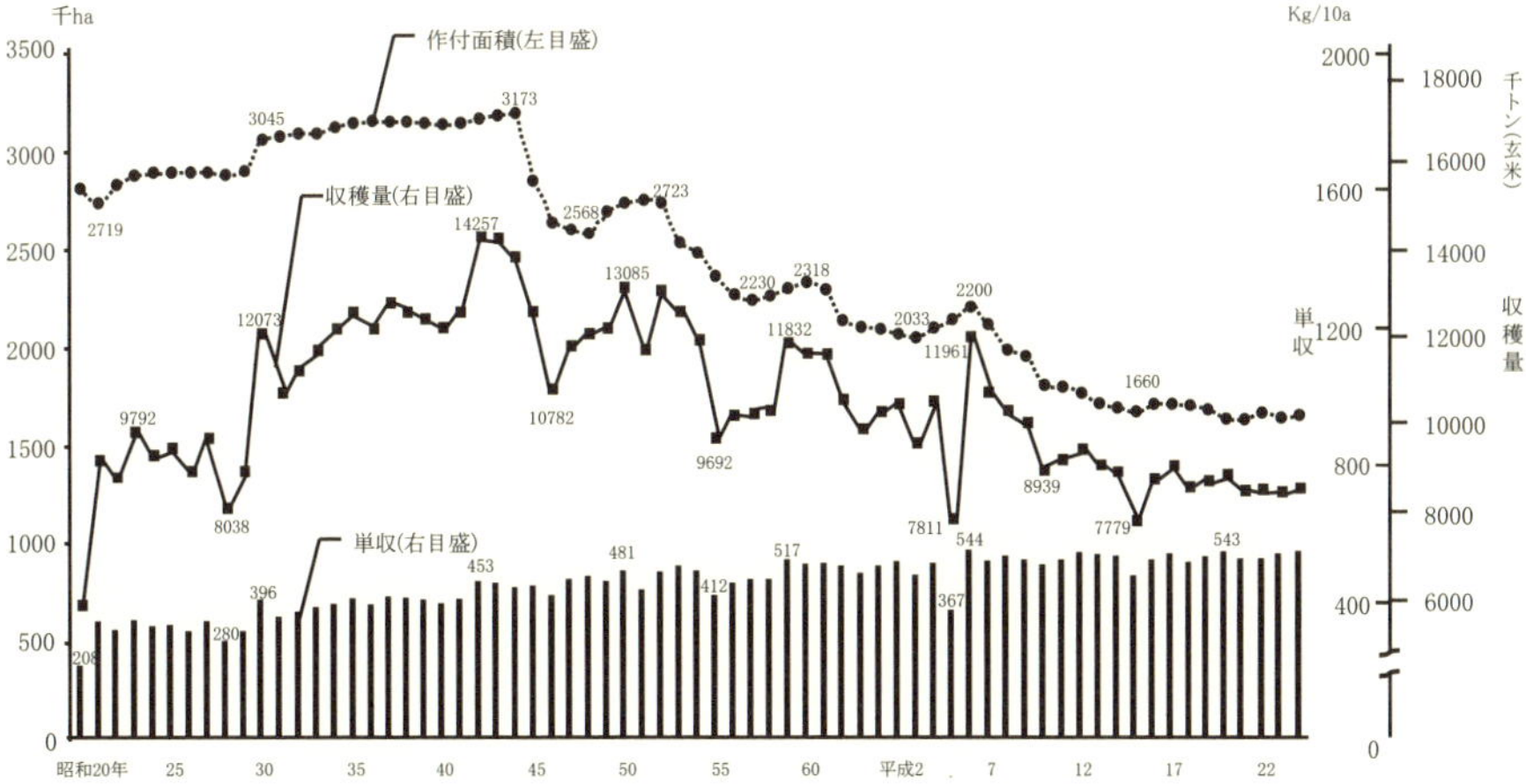

資料：農林水産省「作物統計」

図2－2　米の全体需給の状況（昭和35年～）

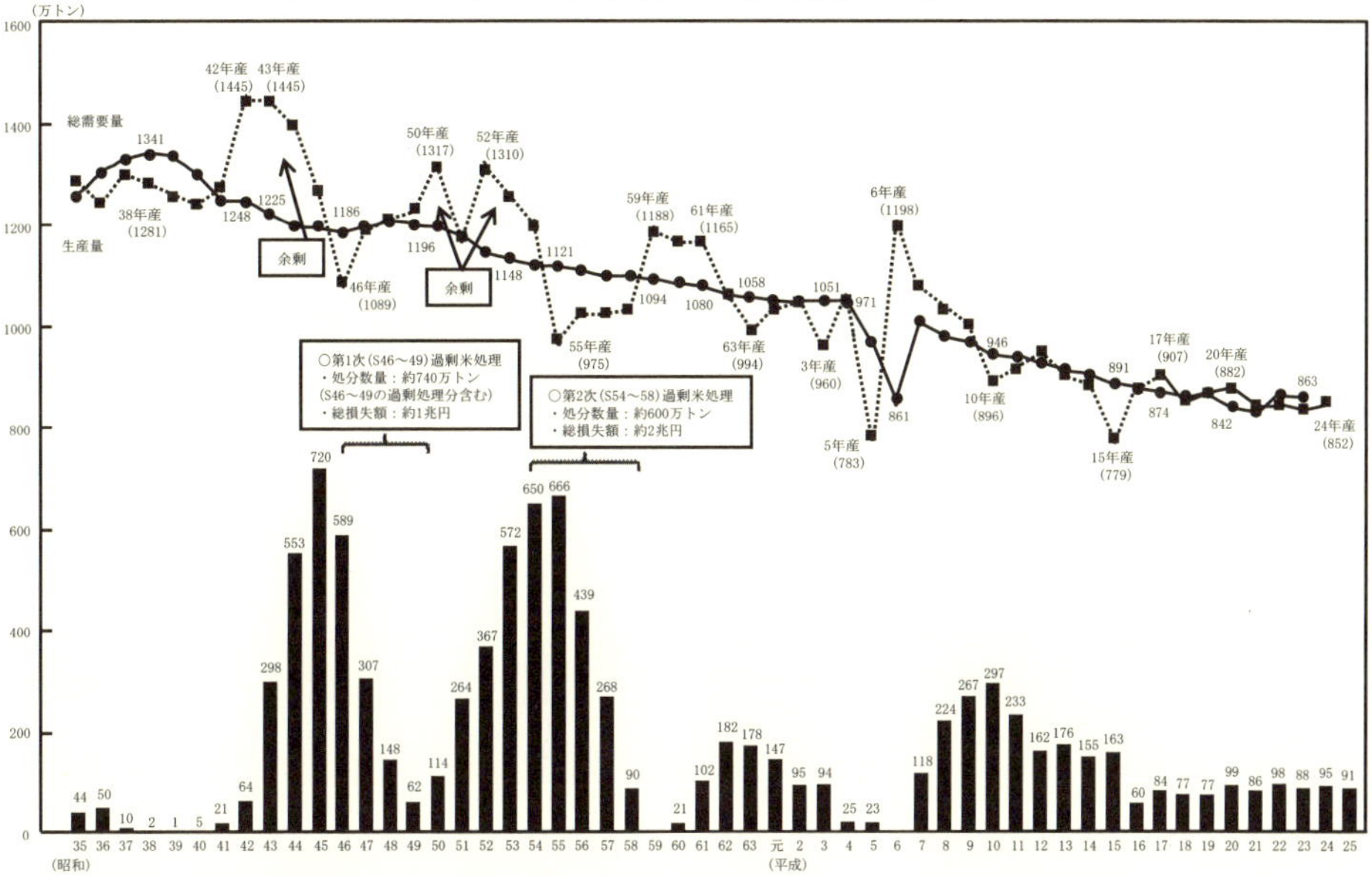

注：1) 政府米在庫量は、外国産米を除いた数量である。
　　2) 在庫量は、各年10月末現在である。ただし、平成15年以降は各年6月末現在である。
　　3) 総需要量は、「食料需給表」(4月～3月)における国内消費仕向量(陸稲を含み、主食用(米菓・米穀粉を含む)のほか、飼料用、加工用等の数量)である。
　　ただし、平成5年以降は国内消費仕向量のうち国産米のみの数量である。
　　4) 平成12年10月末持越在庫は、「平成12年緊急総合米対策」による援助用隔離等を除いた数量である。
　　5) 生産量は、「作物統計」における水稲と陸稲の収穫量の合計である。
資料:農林水産省「米をめぐる関係資料」平成24年11月

表２－１　主要農畜産物の生産量の推移

	水稲（玄米千ｔ）	小麦（ｔ）	大豆（ｔ）	野菜（t）	果実（ｔ）	乳用牛（頭）	肉用牛（頭）	豚（頭）	採卵鶏（千羽）	生乳（kl）
昭.35（1960）	12,539	1,531,000	417,600	11,742,000	3,033,000	823,500	2,340,000	1,918,000	54,627	1,886,997
昭.36（1961）	12,138	1,781,000	386,900	11,195,000	3,393,000	884,900	2,313,000	2,604,000	71,806	2,113,537
昭.38（1963）	12,529	715,500	317,900	13,397,000	3,573,000	1,145,400	2,337,000	3,296,000	98,447	2,761,250
昭.40（1965）	12,181	1,287,000	229,700	13,490,000	4,092,000	1,289,000	1,886,000	3,976,000	120,197	3,220,547
昭.42（1967）	14,257	996,900	190,400	14,689,000	4,714,000	1,376,000	1,551,000	5,975,000	126,043	3,566,114
昭.44（1969）	13,797	757,900	135,700	15,507,000	5,174,000	1,663,000	1,795,000	5,429,000	157,292	4,508,625
昭.46（1971）	10,782	440,300	122,400	15,777,000	5,364,000	1,856,000	1,759,000	6,904,000	172,226	4,819,834
昭.48（1973）	12,068	202,300	118,200	14,806,000	6,533,000	1,780,000	1,818,000	7,490,000	163,512	4,908,359
昭.50（1975）	13,085	240,700	125,600	14,645,000	6,670,000	1,787,000	1,857,000	7,684,000	154,504	4,961,017
昭.52（1977）	13,022	236,400	110,800	15,541,000	6,608,000	1,888,000	1,987,000	8,132,000	160,550	5,734,988
昭.54（1979）	11,898	541,300	191,700	15,315,000	6,750,000	2,067,000	2,083,000	9,491,000	166,222	6,462,822
昭.56（1981）	10,204	587,400	211,700	15,370,000	5,760,000	2,104,000	2,281,000	10,065,000	164,716	6,610,232
昭.58（1983）	10,308	695,300	217,200	14,933,000	6,293,000	2,098,000	2,492,000	10,273,000	172,571	7,042,314
昭.60（1985）	11,613	874,200	228,300	15,169,000	5,627,000	2,111,000	2,587,000	10,718,000	177,477	7,380,369
昭.62（1987）	10,571	863,700	287,200	15,435,000	5,834,000	2,049,000	2,645,000	11,354,000	187,911	7,334,943
昭.63（1988）	9,888	1,021,000	276,900	14,774,000	5,206,000	2,017,000	2,650,000	11,725,000	190,402	7,606,774
平.元（1989）	10,297	984,500	271,700	14,920,000	5,089,000	2,031,000	2,651,000	11,866,000	190,616	8,058,946
平.2（1990）	10,463	951,500	220,400	14,555,000	4,760,000	2,058,000	2,702,000	11,817,000	187,412	8,189,348
平.3（1991）	9,565	759,000	197,300	14,130,000	4,239,000	2,068,000	2,805,000	11,335,000	188,786	8,259,134
平.4（1992）	10,546	758,700	188,100	18,010,000	4,712,000	2,082,000	2,898,000	10,966,000	197,639	8,576,442
平.5（1993）	7,811	637,800	100,600	17,066,000	4,261,000	2,068,000	2,956,000	10,783,000	198,443	8,625,699
平.6（1994）	11,961	564,800	98,800	16,852,000	4,108,000	2,018,000	2,971,000	10,621,000	196,371	8,388,917
平.7（1995）	10,724	443,600	119,000	16,915,000	4,081,000	1,951,000	2,965,000	10,250,000	193,854	8,382,162
平.8（1996）	10,328	478,100	148,100	16,665,000	3,746,000	1,927,000	2,901,000	9,900,000	190,634	8,656,929
平.9（1997）	10,004	573,100	144,600	16,679,000	4,403,000	1,899,000	2,851,000	9,823,000	193,037	8,645,455
平.10（1998）	8,939	569,500	158,000	15,712,000	3,778,000	1,860,000	2,848,000	9,904,000	191,363	8,572,421
平.11（1999）	9,159	583,100	187,200	15,829,000	4,101,000	1,816,000	2,842,000	9,879,000	188,892	8,459,694
平.12（2000）	9,472	688,200	235,000	15,667,000	3,671,000	1,764,000	2,823,000	9,806,000	187,382	8,497,278
平.13（2001）	9,048	699,900	271,400	15,547,000	3,907,000	1,725,000	2,806,000	9,788,000	186,202	8,300,488
平.14（2002）	8,876	829,000	270,200	15,695,000	3,694,000	1,726,000	2,838,000	9,612,000	181,746	8,385,280
平.15（2003）	7,779	855,900	232,200	15,169,000	3,481,000	1,719,000	2,805,000	9,725,000	180,213	8,400,073
平.16（2004）	8,721	860,300	163,200	14,540,000	3,262,000	1,690,000	2,788,000	9,724,000	178,755	8,328,951
平.17（2005）	9,062	874,700	225,000	14,547,000	3,504,000	1,655,000	2,747,000	…	…	8,285,215
平.18（2006）	8,546	837,200	229,200	14,324,000	3,021,000	1,636,000	2,755,000	9,620,000	180,697	8,137,512
平.19（2007）	8,705	910,100	226,700	14,746,000	3,067,000	1,592,000	2,806,000	9,759,000	186,583	8,007,417
平.20（2008）	8,815	881,200	261,700	14,622,000	3,048,000	1,533,000	2,890,000	9,745,000	184,773	7,982,030
平.21（2009）	8,466	674,200	229,900	14,072,000	3,037,000	1,500,000	2,923,000	9,899,000	180,994	7,910,413
平.22（2010）	8,478	571,300	222,500	13,365,000	2,566,000	1,484,000	2,892,000	…	…	7,720,456
平.23（2011）	8,397	746,300	218,800	13,513,000	2,623,000	1,467,000	2,763,000	9,768,000	178,546	7,474,309
平.24（2012）	8,519	857,800	235,900	13,799,000	2,717,000	1,449,000	2,723,000	9,735,000	177,607	7,630,418
ピーク時の生産量と年次	14,257（昭和42年）	1,781,000（昭和36年）	417,600（昭和35年）	18,010,000（平成4年）	6,750,000（昭和54年）	2,111,000（昭和60年）	2,971,000（平成6年）	11,866,000（平成元年）	198,443（平成5年）	8,656,929（平成8年）
（ピーク時の生産量）／（1960年の生産量）	1.14	1.16	(1.00)	1.53	2.23	2.56	1.27	6.19	3.63	4.59
（2012年の生産量）／（1960年の生産量）	0.68	0.56	0.56	1.18	0.90	1.76	1.16	5.08	3.25	4.04

資料：農林水産省「作物統計」「野菜生産出荷統計」「果樹生産出荷統計」「畜産統計」「牛乳乳製品統計」

2)。

この間、我が国の農政は猫の目と称されるごとく激しく変わり、その都度、農政用語もリニューアルされてきました。ただ、米以外の作目の振興や生産性の高い大規模農家・経営体の育成ということでは、ほぼ一貫した政策が展開されてきたといっていいでしょう。農政のシナリオが首尾よく実現していたならば、日本の「農」もここまで弱体化することはなかったはずです。

むろん、全てが破綻《はたん》したわけではありません。1960（昭和35）年以降、ピーク時の生産量は豚6・2倍、生乳4・6倍、採卵鶏3・6倍、乳用牛2・1倍、果実2・2倍など、いずれも伸びています（**表2－1**）。また1960年との対比で身た農家一戸当たりの経営規模も、2010（平成22）年には水稲が1・9倍と停滞する中、採卵鶏の166

表2－2　農家一戸当たりの平均経営規模（経営部門別）の推移

		昭和35年 (1960) (A)	40年 (1965)	45年 (1970)	50年 (1975)	55年 (1980)	60年 (1985)	平成2 (1990)	7 (1995)	12 (2000)	17 (2005)	22 (2010) (B)	(B/A)
経営耕地ha	全国	0.88	0.91	0.95	0.97	1.01	1.05	1.14 (1.41)	1.2 (1.50)	1.25 (1.60)	1.27 (1.76)	… (1.96)	2.2
	北海道	3.54	4.09	5.36	6.76	8.10	9.28	10.81 (11.88)	12.69 (13.95)	14.33 (15.98)	16.45 (18.68)	… (21.48)	6.1
	都府県	0.77	0.79	0.81	0.80	0.82	0.83	0.89 (1.10)	0.92 (1.15)	0.95 (1.21)	0.95 (1.30)	… (1.42)	1.8
経営部門別（全国）	水稲	55.3	57.5	62.2	60.1	60.2	60.8	(71.8)	(85.2)	(84.2)	(96.1)	(105.1)	1.9
	乳用牛	2.0	3.4	5.9	11.2	18.1	25.6	32.5	44.0	52.5	59.7	67.8	33.9
	肉用牛	1.2	1.3	2.0	3.9	5.9	8.7	11.6	17.5	24.2	30.7	38.9	32.4
	養豚	2.4	5.7	14.3	34.4	70.8	129.0	273.3	545.2	838.1	1095.0	1437.0	598.8
	採卵鶏	…	27	70	229	…	1037	1583	20059	28704	33549	44987	1666.2

注：1）経営耕地、水稲について、（　　）内の数値は販売農家（経営耕地面積30a以上又は農産物販売金額50万円以上の農家）の数値、それ以外は農家（経営耕地面積10a以上又は農産物販売金額15万円以上の世帯）の数値である。
2）水稲の平成7年以前は水稲を収穫した農家の数値であり、12年以降は販売金額15万円以上の世帯）の数値である。
3）採卵鶏の平成7年の数値は、成鶏めす羽数「300羽未満」の飼養者を除き、平成10年以成鶏めす羽数「1000羽未満」の飼養者を除く。
4）養豚及び採卵鶏の平成17年は16年の数値、平成22年は21年の数値である。
5）昭和55年の採卵鶏調査、食鳥流通統計調査はセンサス年のため休止した。
出典：農林水産省『食料・農業・農村白書参考統計表』平成23年版

2倍を筆頭に、養豚599倍、乳用牛34倍、肉用牛32倍と大幅に拡大しました（**表2－2**）。「選択的拡大作目」への転進は、経営規模の拡大を伴いながら、それなりに進展したことが窺えます。ただ、1985年のプラザ合意による円高を契機とする農産物輸入の増大により、生産が頭打ち状態となり、その後農業生産指数は一貫して低下傾向をたどっています（**図2－3**）。我が国の農業は、グローバル化の波に洗われながら大きな岐路に立たされることになりました。

兼業農家と米

深刻なのは、米づくりに代表される土地利用型農業です。国の農政は一貫して規模拡大を推進する政策を展開してきたにもかかわらず、思うようには進展しませんでした。総農家数が減少する中、飛躍的に伸びたのは[4]兼業農家です。中でも農外所得が農業所得を大幅に上回る第二種兼業農家が農家の大半を占める全面的兼業化の時代を迎えることになりました（**図2－4**）。

その結果、農家とサラリーマン世帯との所得格差はしばらく前に解消し、その後は農家の所得がサラリーマン世帯のそれを上回るという状態が続いてき

図2－3　農業生産指数および農産物輸入数量指数の推移（平成12年＝100）

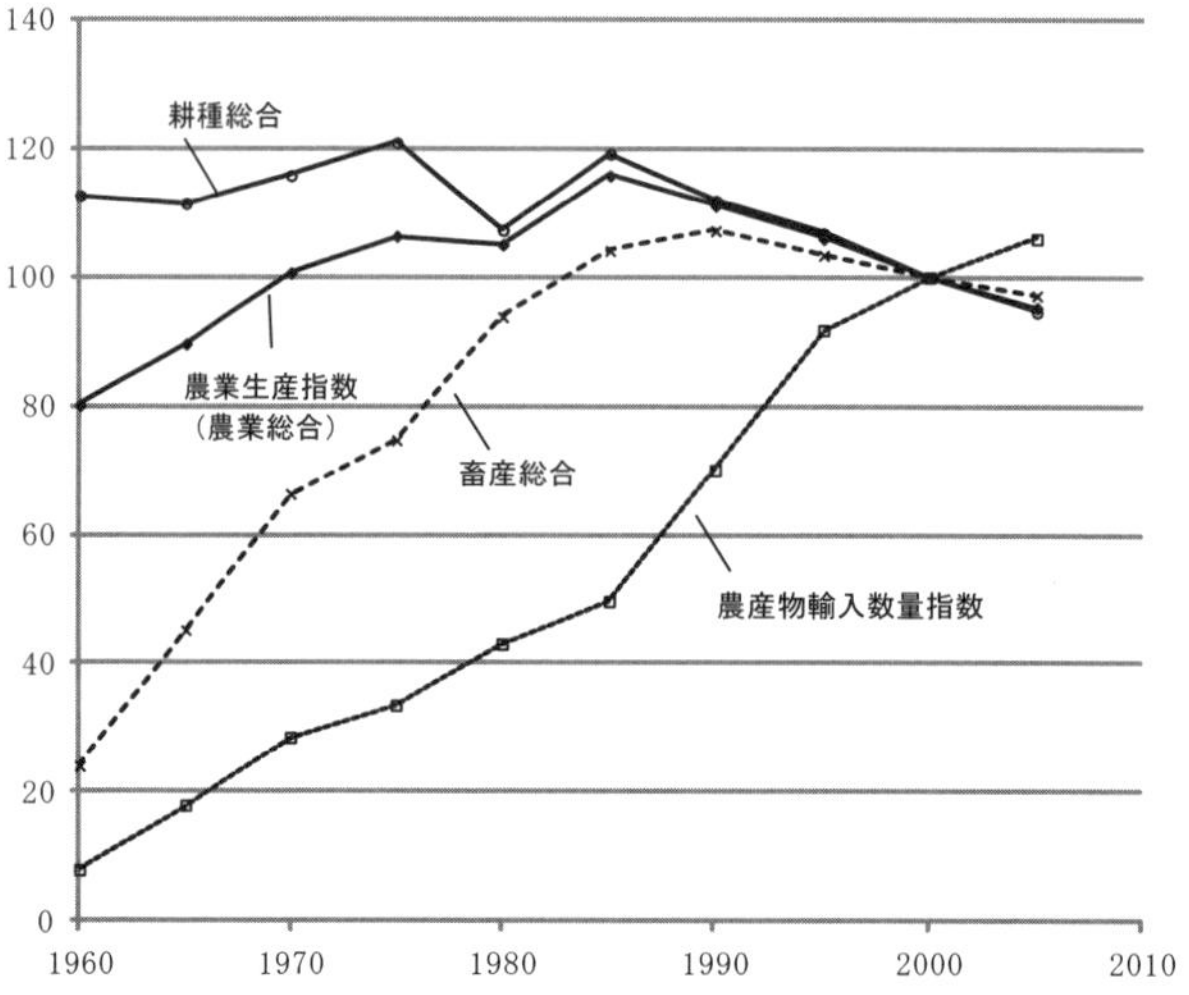

資料：農林水産省大臣官房統計部統計企画課「農林水産業生産指数」（刊行物）および財務省「貿易統計」

図2－4　総農家、専業・兼業別農家数

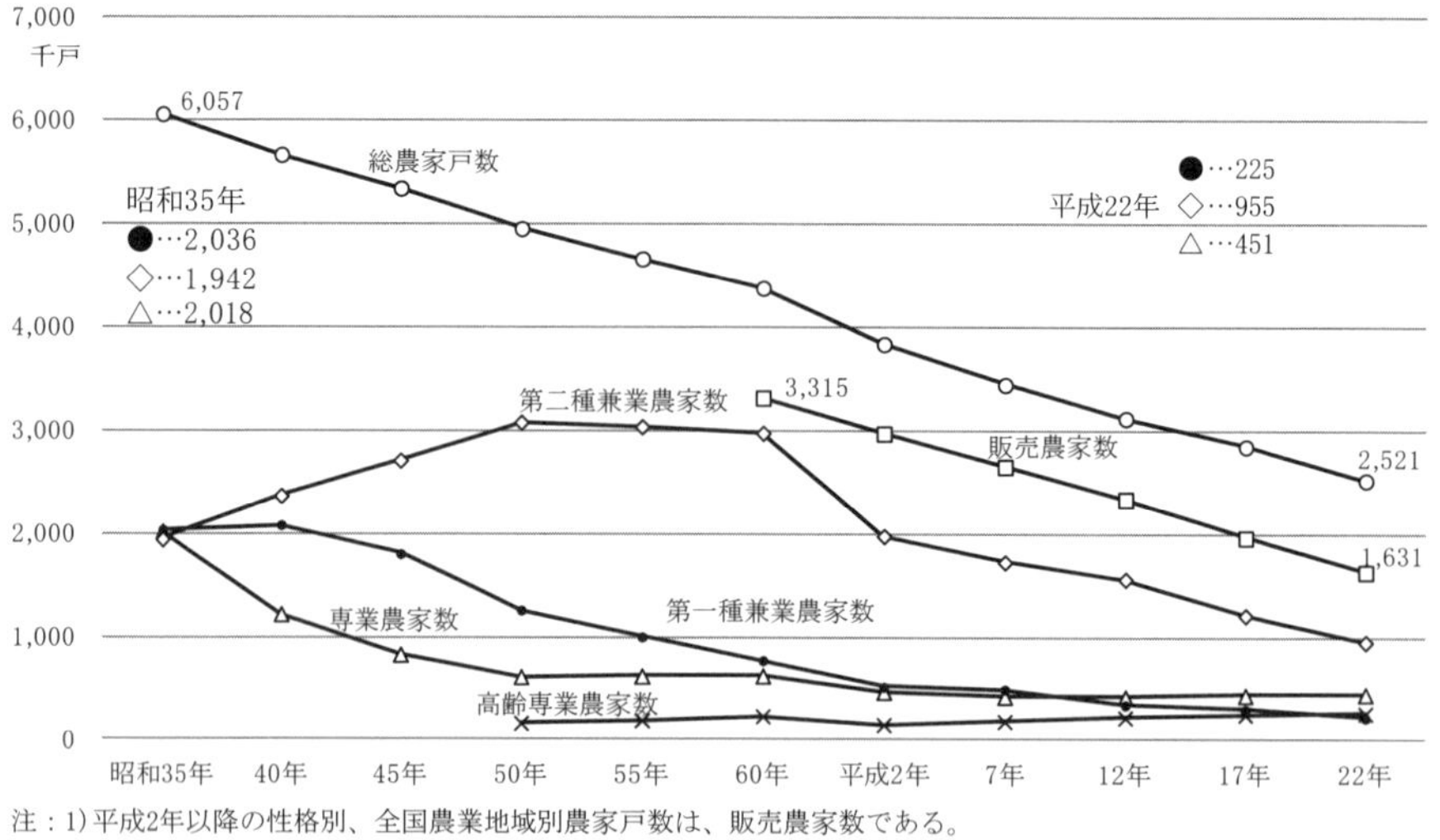

注：1）平成2年以降の性格別、全国農業地域別農家戸数は、販売農家数である。
　　2）生産年齢人口とは、平成6年までは16歳以上65歳未満の者、7年以降は15歳以上65歳未満の者の数をいう。
　　3）高齢専業とは、男子生産年齢人口のいない専業農家としている。
　　4）昭和45年以前は沖縄県を含まない。
　　5）平成18年～21年については、全国推計に沖縄県は含まれるが、沖縄県単体の推計は行っていない。
資料：農林水産省「農林業センサス」「農業構造動態調査」
出典：農林水産省「食料・農業・農村白書　参考統計書」平成23年度版

図2－5　農家所得と勤労者世帯の所得比較

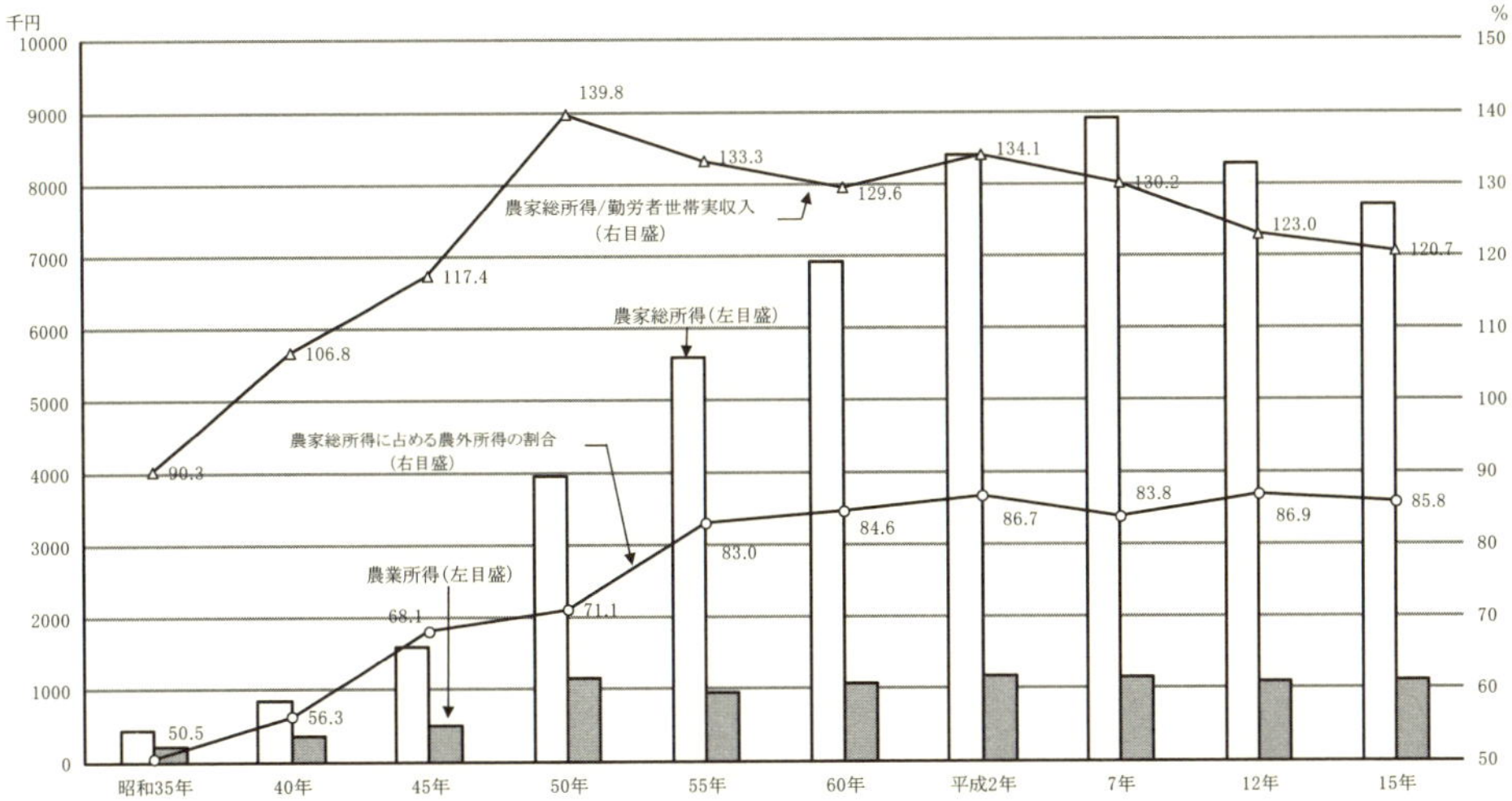

注：1) 平成3年度以前は総農家の数値、平成4年度から平成19年度は販売農家の数値、20年以降は農業生産物の販売を目的とする農業経営体(個別経営)の数値である。
2) 平成16年度から農業経営関与者（経営主夫婦及び年間60日以上農業に従事する世帯員）に限定して経営収支等を把握する調査体系に見直したことから15年以前の結果とは接続しないため収録していない。
3) 勤労世帯実収入は家計調査年報の全国1世帯あたりの実収入である。

資料：農林水産省：「農家経済調査」、「農業経営統計調査」、「農業経営動向統計」、「農業経営統計調査」、「農業経営統計調査」、「経営形態別経営統計(個別経営)」、総務省「家計調査年表」

ました。１９７５（昭和50）年など農家所得がサラリーマン世帯の１・４倍近くにも及んでいます（**図２－５**）。

その過程で農業からの所得は、全農家平均で世帯当たり所得の１割程度に落ち込みました。全面的な兼業化の下で、大半の農家は農家らしからぬ農家になってしまったのです。貧しさからの解放を求める農家にとって、それはまた経済合理的な選択行動の結果でもありました。

ただ、米づくりだけは簡単に手放そうとしませんでした。むしろ手放す必要がなかったといったほうがいいでしょう。栽培技術がマニュアル化され、機械化・化学化・省力化が進んだ米づくりは、昭和20年代に10ａ当たり２００時間以上かかっていた労働時間が田植え機やコンバインの普及により20時間台まで急減し、兼業農家でも容易に継続できるようになったからです（**表２－３**）。

それがまた農業で自立しようとする農家の規模拡大を妨げ、農政による規模拡大政策は首尾よく功を奏することができませんでした。

表２－３　水稲作農機具の普及率と10ａ当たり労働時間

			昭和45年（1970年）	昭和55年（1980年）	平成2年（1990年）	平成12年（2000年）	平成17年（2005年）
田植機の所有率		%	0.6	41	78	81	87
田植労働時間		時間	23.2	8.4	6.2	4.7	4.1
コンバインの所有率		%	0.8	21	49	59	69
稲刈り・脱穀労働時間		時間	35.5	14.7	8.9	5.6	4.3
10ａ当たり労働時間		時間	117.8	64.4	43.8	33	28.9
参考	昭和25～40年の労働時間	時間	昭和25年（1950年）	昭和30年（1955年）	昭和35年（1960年）	昭和40年（1965年）	昭和45年（1970年）
			204.5	190.4	172.9	141.0	117.8
	平成20～24年の労働時間	時間	平成20年（2008年）	平成21年（2009年）	平成22年（2010年）	平成23年（2011年）	平成24年（2012年）
			27.3	27.0	26.4	26.1	25.8

注：農業機械の所有率＝農業機械を所有している農業経営体数/販売目的で稲を作付けた農業経営体数×100。昭和45（1970）年と昭和55（1980）年については、農家と農家以外の農業事業体数で算出。平成２（1990）年と平成12（2000）年については、販売農家と農家以外の農業事業体数で算出

資料：農林水産省「作物統計」、「米及び麦類の生産費」

出典：農林水産省『食料・農業・農村白書参考統計表』平成23年版等

危うい担い手

これまで岩盤のごとく続いてきた我が国の兼業農業も、工場の海外移転等による通勤圏内での雇用機会の減少等により存続が危ぶまれるようになりまし

表２－４　水田作の主業農家がいる水田集落の割合（2010年）

	水田集落数	うち主業農家が一戸でもある集落	割合（%）
全国	80,086	39,744	50
都市的地域	17,772	7,766	44
平地農業地域	24,083	15,959	66
中間農業地域	24,507	11,344	46
山間農業地域	13,728	4,675	34

注:1)水田作とは、稲作一位経営である。
2)主業農家とは、農業所得が主（農業所得の50%以上が農業所得）で、一年間に60日以上農業に従事している65歳未満の者がいる農家を指す。
3)水田集落とは、総耕地面積に対する水田の割合が70%以上の集落を指す。
4)主業農家の所在地による集計であり農家の営農範囲は考慮していない。

資料:2000年農林業センサス

た。担い手の高齢化やリタイヤにより耕地利用率[5]は急減し、耕作放棄地[6]も増えています。

農業所得が農家所得全体の50％以上、農業従事日数60日以上という相当ゆるい指標で見た主業農家[7]ですら、もはや皆無という農業集落が全国で50％にも及んでいます（**表2－4**）。２０１２（平成24）年の基幹的農業従事者[8]に占める65歳以上の比率も60％にも達しています（**図2－6**）。

農作業を誰かに頼もうにも、引き受けてくれる農家がいなくなった地域も目立つようになりました。それどころか、これまで引き受けていた受託作業や借入地を返上せざるをえなくなった農家も増えています。米価の引き下げ基調が強まる中、かろうじて兼業農家を支えてきた農機具等への投資も減る傾向にあります。人手不足で農道や農業用水路の維持管理など、ムラ社会で伝統的に行われてきた共同作業が難しくなった地域も目立ちます。TPP[9]への参加を迫られるなど農業の衰退に追い討ちをかけるように、グローバル化という嵐もますます強く吹き荒れようとしています。

図２－６　年齢階層別の基幹的農業従事者数（平成24年度）

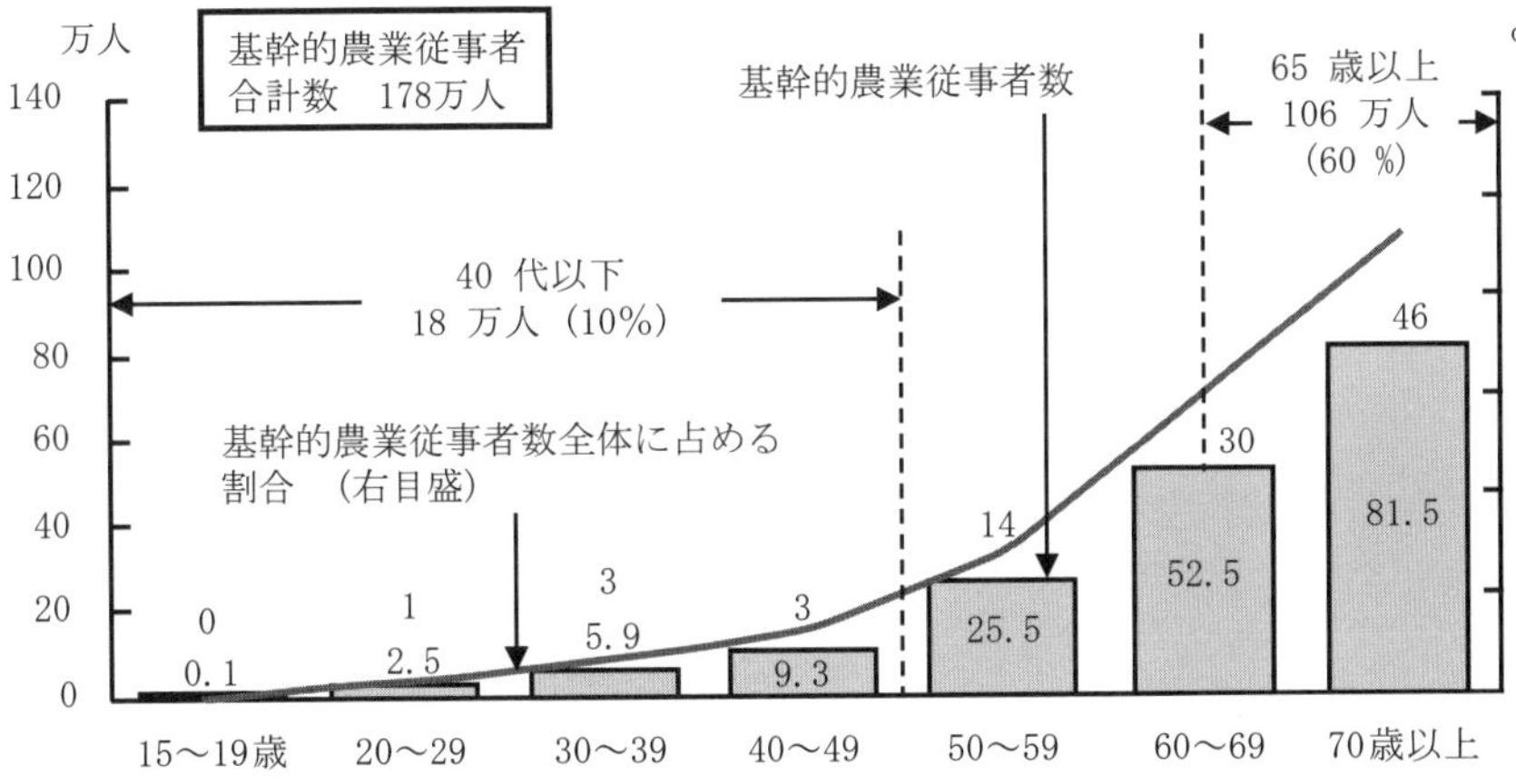

資料：農林水産省「農業構造動態調査」（組替集計）
出典：農林水産省資料

環境に負荷をかけない有機農業を推進（山形県高畠町）

再生への新たな起動力

我が国の「農」は、もはや急速に基礎体力を消耗し弱体化を余儀なくされているといっても過言ではありません。戦後復興期、「農」の起動力は食料増産であり飢餓からの解放でした。続く「高度経済成長期」、全面的兼業化の起動力となったのは農工間所得格差の是正であり貧しさからの解放でした。その両方とも起動力たる役割を終えた今、代わるべき「農」再生の起動力は、望ましい「食」のあり方を目指す多様な取り組み以外に見当たりません。

それはいわば不安な「食」からの解放であり環境負荷増大型「農」からの解放という起動力です。「食」と「農」、「農」と「環境」の親和的接近を推進する起動力といい換えてもよいでしょう。新しい起動力を活かす方向で21世紀の「農」のあり方を展望しようとすれば、「農」の世界もまた急いで必要かつ大胆な改革に着手することが避けられません。

そのことを論ずる前に、何故に「農」の衰退を放置できないか、その理由をやや視野を広げて考えてみましょう。貿易立国を自任する我が国にとって、GDPの1%にも満たない農業の再生など問題外だという風潮が根強く続いているからです。[10]

〈注釈〉

(1) 篤農家：農業経験豊富で技術指導に熱心な農業指導者。老農・古農、また篤農家や精農などという。維新政府は、明治初年には、外国産の農産物の種子を導入し栽培実験するなど、外国農法を試みたが、1877（明治10）年前後から在来農法技術を重視し、農談会（集談会・種子交換会・農事会とも）や共進会を開催して、在来の篤農家の技術交流をはかった。（歴史学会編『郷土史大辞典』下）

(2) プラザ合意：《Plaza Agreement》1985年9月22日の日本・米国・英国・フランス・西ドイツ5か国蔵相中央銀行総裁会議における合意。合意内容には国際収支の不均衡を為替相場の調整によって是正することが含まれており、ドル高・円安から円高への契機となった。各国が為替に介入することで貿易収支の赤字で苦しむ米国を支援するのが目的で、合意前1ドル230円台のレートが、1987年末には1ドル120円台のレートで取引されるようになった。日本経済は一時期円高不況に陥るが、低金利政策などによって投機が加速され、1980年代末に向けてバブル経済が膨張した。（https://kotobank.jp/デジタル大辞泉）

(3) 選択的拡大作目：1961年の農業基本法の生産対策で、経済発展による国民の所得の向上により需要の拡大が見込まれる果実、野菜、肉類、牛乳などを選択的拡大作目としてその生産を拡大していくこととした。（農林水産省）

(4) 兼業農家：世帯員のうち兼業従事者が1人以上いる農家をいい、第1種兼業農家と第2種兼業農家に区分される。①第1種兼業農家は兼業農家のうち農業所得の方が兼業所得よりも多い農家、②第2種兼業農家は兼業農家のうち兼業所得の方が農業所得よりも多い農家。（『新・よくわかる農政用語』全国農業会議所）

(5) 耕地利用率：どのくらい耕地を有効利用しているかをみるため、作付延べ面積÷耕地面積で計算。
作付延べ面積とは、すべての作物の作付（果樹の場合は栽培）面積の合計。同じ田や畑に、1年に2回以上作物を栽培する場合はそれぞれの面積を合計。その結果、作付面積の合計（作付延べ面積）が耕地面積より多くなれば、耕地利用率は100%を超える。（『新・よくわかる農政用語』全国農業会議所）

(6) 耕作放棄地：農林業センサスでは、調査日以前1年以上作付けせず、今後数年の間に再び耕作するはっきりした意志のない土地をいう。
なお、これに対して、調査日以前1年以上作付けしなかったが、今後数年の間に再び耕作する意志のある土地は不作付地といわれ、経営耕地に含まれる。（『新・よくわかる農政用語』全国農業会議所）

(7) 主業農家：農業所得が主(農家所得の50%以上が農業所得)で、65歳未満の農業従事60日以上の者がいる農家。（『新・

よくわかる農政用語』全国農業会議所）

（8）基幹的農業従事者：農業に主として従事した世帯員（農業就業人口）のうち、普段の主な状態が「主に仕事（農業）」である者。（『新・よくわかる農政用語』全国農業会議所）

（9）TPP：Trans-Pacific Partnership, Trans-Pacific Strategic Economic Partnership Agreement.
環太平洋経済協定、環太平洋戦略的経済連携協定、環太平洋パートナーシップ協定等と呼ばれている。2010年3月にP4協定参加の4ヵ国（シンガポール、ニュージーランド、チリ及びブルネイ）に加えて、米国、豪州、ペルー、ベトナムの計8ヵ国で交渉が開始され、マレーシア等を加えてアジア太平洋地域において農産物等の関税撤廃や政府調達、投資ルール、金融等包括的な協定として交渉が行われている。その後、マレーシア、メキシコ、カナダ及び日本が交渉に参加し、現在は12カ国で、アジア太平洋地域において高い自由化を目標とし、非関税分野や新しい貿易課題を含む包括的な協定として交渉が行われている。（『新・よくわかる農政用語』全国農業会議所、外務省）

（10）GDP（国内総生産）：日本の国内で、1年間に新しく生みだされた生産物やサービスの金額の総和のこと。GDPはその国の経済の力の目安によく用いられる。また、経済成長率はGDPが1年間でどのくらい伸びたかを表わすもので、経済が好調なときはGDPの成長率は高くなり、逆に不調なときは低くなる。（経済産業省）

第3章

失われる環境サービス

農業と環境

　農業・農村は国民に対する食料供給以外にも多様な役割を果たしてきました。ただ、それについては、長い間注目されることがありませんでした。[1]里山・里地に定住する人々の暮らしとともに維持されてきた副次的な役割が大半だったからです。

　近年、農業・農村の「多面的機能」、「公益的機能」あるいは里山・里地の「生態系サービス」など、さまざまな呼び方で多様な役割を評価する試みが行われるようになりました。

　市場で取引されてこなかったこうした「機能」や「サービス」の価値をお金に換算すればいくらになるか、それを計算する手法もさまざま開発されています。多くの人々が、農業・農村の衰退、里山・里地の荒廃は私たちの暮らしを脅《おびや》かすのではないかとの強い懸念を抱くようになったからでしょう。

　農業・農村の多面的機能の評価結果によれば水田の洪水防止機能の評価額は3兆円近くになっています（**表3－1**）。その数値に実感がわかないとしても、水田の宅地や工場用地への転用により貯水能力が低下した地域では、大雨時に鉄砲水に襲われて甚大な被害を受ける事例が各地に見受けられるようになりました。水源涵養《かんよう》機能や土壌侵食防止機能などにしても、昨今ではさほど違和感なく受け入れられるようになりました。

　生物多様性の宝庫である里山・里地への関心も高まっています。我が国は２０１０（平成22）年に名古屋で開催された[2]生物多様性条約第10回締約国会議（COP10）で、[3]「SATOYAMAイニシアティブ」を世界に向けて発信しました。絶滅の恐れがある動植物が数多く生息する里山・里地の荒廃は、多様な生態系サービスの低下・減少を招くことになるからです。

　生態系サービスの内容は地域によってさまざまですが、国連大学の「日本の里山・里地評価」によれば、食料などの「供給サービス」、大気浄化、洪水制御、土壌侵食制御といった「調整サービス」、景

表3－1　農業の多面的機能の貨幣評価の試算結果

機能の種類	評価額	評価方法
洪水防止機能	3兆4,998億円/年	水田及び畑の大雨時における貯水機能を、治水ダムの原価償却費及び年間維持費により評価（代替法）
河川流況安定機能	1兆4,633億円/年	水田のかんがい用水を河川に安定的に還元する能力を、利水ダムの減価償却費及び年間維持費により評価（代替法）
地下水涵養機能	537億円/年	水田の地下水涵養量を、水価割安額（地下水と上水道との利用料の差額）より評価（直接法）
土壌侵食(流出)防止機能	3,318億円/年	農地の耕作により抑制されている推定土壌侵食量を、砂防ダムの建設費により評価（代替法）
土砂崩壊防止機能	4,782億円/年	水田の耕作により抑制されている土砂崩壊の推定発生件数を、平均被害額により評価（直接法）
有機性廃棄物分解機能	123億円/年	都市ごみ、くみ取りし尿、浄化槽汚泥、下水汚泥の農地還元分を最終処分場を建設して最終処分した場合の滋養により評価（代替法）
気候緩和機能	87億円/年	水田によって1.3℃の気温が低下すると仮定し、夏期に一般的に冷房を使用する地域で、近隣に水田がある世帯の冷房料金を節減額により評価（直接法）
保健休養・やすらぎ機能	2兆3,758億円/年	家計調査の中から、都市部に住居する世帯の国内旅行関連の支出項目から、農村地域への旅行に対する支出額を推定（家計支出）

注：農業の多面的な機能のうち、物理的な機能を中心に貨幣評価が可能な一部の機能について、日本学術会議の特別委員会等の討議内容を踏まえて評価を行ったものである。
出典：農林水産省資料

観、伝統芸能に関わる「文化的サービス」、農地や林地での一次生産など「基盤サービス」の4項目に分類されています（**表3－2**）。こうしたサービスは認識主体の価値観により異なる面もあるでしょう。

ただ、高度経済成長による急激な工業化・都市化・商品経済化の進行が、社会生活や子供の教育などさまざまな面で問題を引き起こし、そのことに伴って、田舎、田園、自然、景観、風土、伝統、祭り、文化などといった言葉で表現される農的空間が秘めている多様な価値を見直す機運が高まるようになったことは確かだと思います。

多面的機能といい生態系サービスといい、その内容にさほどの違いがあるわけではありません。むしろその多くは重複しています。これら機能やサービスの低下・減少が社会的な関心を呼ぶようになりました。

農村に定住する人々が暮らしとともに培《つちか》ってきた自然環境、社会環境、文化環境、生産環境などが、目に見える形で急速に劣化し始めているからです。農業・農村の衰退・荒廃に起因しているという意味

表3－2　生態系サービスの変化と直接的要因

生態系サービス			人間の利用	向上・劣化
供給サービス	食料	米	⇘	⇨
		畜産	NA	NA
		マツタケ	⇘	↘
		海面漁業・水産物	⇘	↘
		海面養殖・養殖	⇗	NA
	繊維	木材	⇘	
		薪炭	⇘	NA
		蚕の繭	⇘	⇘
調整サービス	大気浄化		+/−	+/−
	気候制御		+/−	+/−
	水制御・洪水制御		+/−	+/−
	水質浄化		+/−	+/−
	土壌侵食制御	農地・林地	+/−	+/−
		海岸（砂防）	+/−	+/−
	病害虫制御、花粉媒介		↘	↘
文化的サービス	精神	宗教（寺社仏閣・儀式）	NA	
		祭	↘	
		景観（景色・街並み）	↘	
	レクリエーション	教育（環境教育・野外観察会・野外遊び）	→	
		遊漁・潮干狩り・山菜採り・ハンティング	↘	
		登山・観光・グリーンツーリズム	↗	
	芸術	伝統芸能（音楽・舞踏・美術・文学・工芸）	↘	
		現代芸術（音楽・舞踏・美術・文学・工芸）	NA	
基礎サービス	森林	一次生産	他のサービスとダブル・カウント（参考情報）	→
	草地	一次生産		⇘
	湿地	一次生産		⇘
	農地	一次生産		⇨
	河川・湖沼	一次生産		⇘
	干潟	一次生産		⇘
	海	一次生産		⇘

データに基づく	データによる裏付けなし	凡例
⇗	↗	過去50年間において単調増加
⇘	↘	過去50年間において単調減少
⇨	→	過去50年間において変化なし
+/−		過去50年間において増加と減少の混合
NA		評価不能（データ不足、未検討）

資料：国連大学「日本の里山・里海調査(JSSA)」
出典：環境省「環境白書」平成25年度版

で、こうした一連の問題もまた現代の農業問題あるいは農業環境問題であるといっていいでしょう。

貧困処理の副作用

かつて農業問題といえば農民の貧困問題でした。戦前から戦後にかけて過剰人口のプールといわれた農村の人々は、その多くがしばしば赤貧洗うがごとき暮らしを余儀なくされてきたからです。『貧しさからの解放』というタイトルの書籍が書店に並ぶくらいでしたから、それは深刻な問題でした。

農業問題はまた、食料問題でもありました。自然相手の農業は気候変動の影響が避けられません。冷害や干ばつで生産量が激減することも稀ではありませんでした。その度に農民や国民の多くは食料不足や飢餓の恐怖に見舞われてきました。

ただ、我が国では高度経済成長以降、農家の全面的な兼業化の進展により、かつてのような農民・農村の貧困状態は過去のものとなりました。大半の農家が農業以外の仕事に従事し、その所得を増やすことで人並みかもしくはそれ以上の暮らしができるようになったからです。

食料問題も農業技術の進歩や食料を海外から大量に輸入することで緩和され、飢餓や極端な食料不足など深刻な事態に陥《おちい》ることはありませんでした。貧困問題、食料問題という意味での農業問題は、解決されたといっても過言ではない状態がしばらく続いてきました。

ただ、今になってみると高度経済成長とリンクした貧困・食料問題の解決の過程は、強烈な副作用を伴っていました。農家世帯員の農外流出による農家の全面的な兼業化の進展は、やがて若者の農業離れとも相まって農村の過疎化・高齢化、農業生産の担い手不足、兼業農業と親和力の強い米過剰の長期化、農産物の大量輸入、食料自給率の低下などに拍車をかけながら農業・農村の衰退・荒廃を加速させてきたからです。

その結果、先に触れたように、かつての貧困問題とは様相を異にする農業環境問題が食料危機を潜在

図3－1　日本における農業環境問題の発現機構

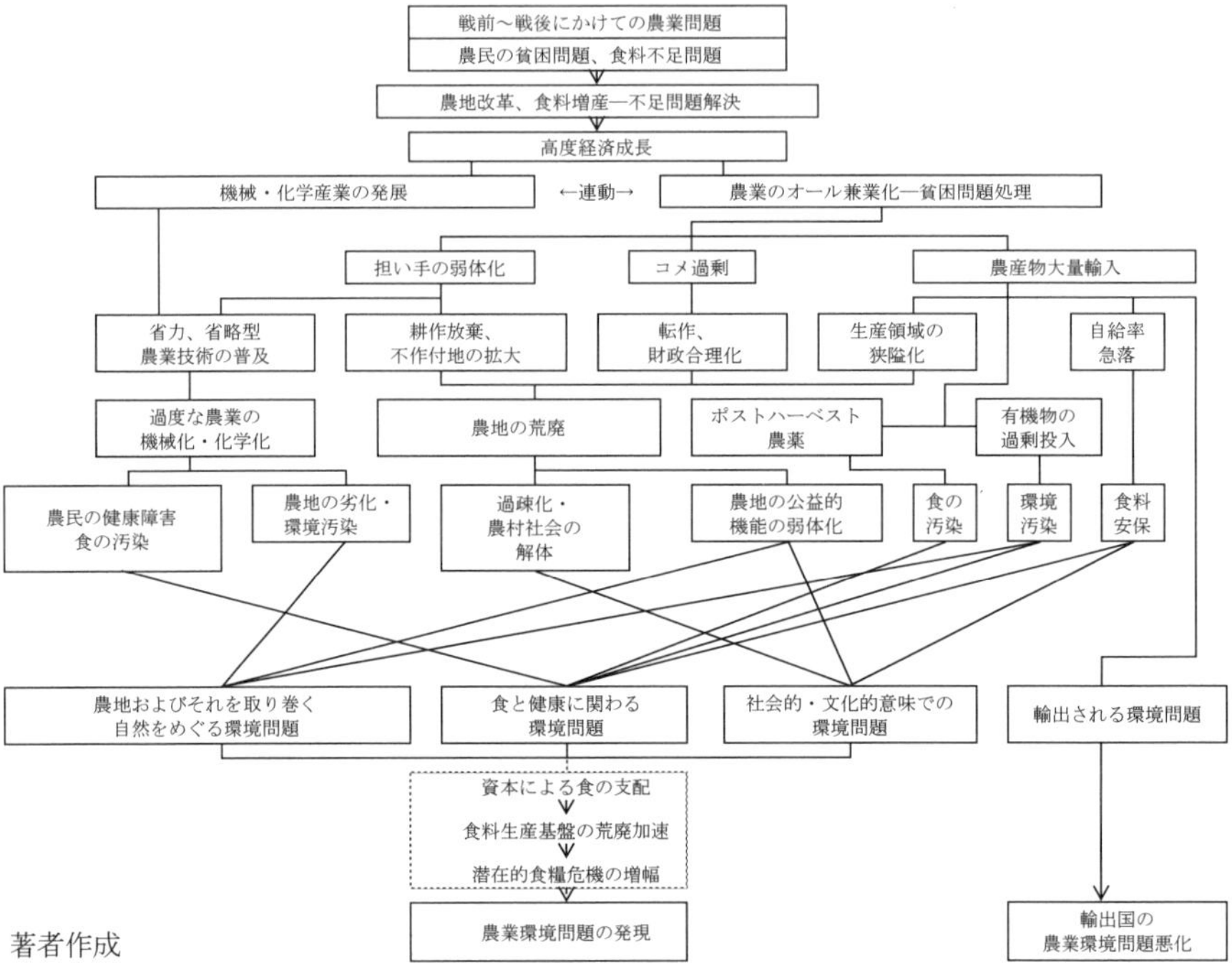

著者作成

化させながら、私たちの暮らしに関わる社会問題として認識され始めるようになりました（図3－1）。

農業の環境負荷

全面的兼業化の下で進んだ農業の機械化・化学化により、農業が環境に対する加害者としての役割を果たしてきたことについても触れないわけにはいきません。

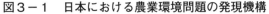

例えば堆厩肥の投入を省略し農薬と化学肥料に過度に依存するようになった結果、水田や畑地の地力低下が懸念されています。堆厩肥など有機物が補給されない水田は、毎年有機物のストックを食いつぶし、やがて地力低下が深刻になるといわれているからです。

現に有機質投入田とそうでないところとでは、冷害など気象災害の影響が明らかに異なるという試験結果が各地で報告されていま

過度に単作化が進むと生態循環が断ち切られ、地力維持ができなくなる

す。また、大型機械の走行による圃場《ほじょう》踏圧の増大と浅耕が[4]耕盤を固くし、土壌の透水性や通気性を悪化させるといった問題も指摘されています。近年、各地の農業振興計画書の優先課題の一つとして、必ずといっていいほど「水田の土づくり」があげられるのも、[5]地力問題という耕地土壌の環境問題が放置しえないほど深刻になりつつあるからでしょう。

畑地の場合はもっとはっきりしています。農産物の大量輸入により、我が国の麦類、豆類、雑穀などは軒並みに生産放棄を余儀なくされました。その結果、東北地域の畑作地帯で広く行われていた麦－大豆－雑穀を２年間に交互に栽培する[6]二年三作方式と呼ばれた輪作体系は、１９６０（昭和35）年代に崩壊したといわれています。

それと引き替えに１９６１（昭和36）年に制定された農業基本法の下で、選択的拡大作目の拡大・産地化が推進され、化学肥料、農薬に依存した単作化・施設化農業が広まりました。この結果、耕地土壌の有機物循環は切断され、[7]連作障害の発生とそれを抑制するための農薬の多投といった悪循環を繰り

表３－３　農業環境問題の類型

農地およびそれを取り巻く自然をめぐる環境問題	水田	兼業化 → 水稲単作化 → 有機物循環切断 兼業化 → 省力化 → 化学化 → 農薬・化学肥料多投 省力化 → 機械化 → 土壌踏圧増大 機械化 → 浅耕 （有機物循環切断・農薬・化学肥料多投・土壌踏圧増大・浅耕）→ 土壌の理化学性悪化 → 地力低下
	畑地	兼業化・輸入増大 → 麦、豆、雑穀放置 → 選択的作物の増大・単品産地化 → 輪作体系の崩壊 → 単作化・施設化 → 有機物循環の切断 → 連作障害 → 化学肥料、農薬多投 → 土壌微生物層の破壊 → 地力低下
	周辺	農薬・化学肥料の環境への流亡 農産物の大量輸入 → 有機物の大量廃棄 → 湖沼、地下水、沿岸海洋等環境汚染
食と健康に関わる環境問題	農民の健康被害	機械化 → 高齢化 → 農作業事故の増大 化学化 → 農薬散布 → 健康被害
	残留農薬汚染	化学化 → 農薬残留 → 食の汚染
	ポストハーベスト農薬汚染	輸入増大 → ポストハーベスト農薬チェック体制の甘さ → 外食、調理食品の普及 → 食の汚染
社会的、文化的意味での環境問題	景観、風土の破壊	稲作放棄、耕地化 → 棚田等中山間耕地の破壊 → 景観の破壊 過疎化 → 村落の崩壊 → 山林を含めた環境維持機能の破壊、風土の喪失・破壊
	社会環境の破壊	田園の暮らしやそれを取り巻く自然が有していた子育て、学習、人格形成機能、等々の破壊
	伝統文化・文化的基盤の解体	祭り、伝統芸能、風習、慣習等わが国農耕文化資源の破壊

著者作成

返すことになります。クロールピクリンなど土壌消毒剤の投与は耕地土壌の微生物層を破壊しました。そればかりではありません。ハウス内での農薬散布は多くの農民の健康障害を引き起こしてきました。大量に散布・投与された農薬や化学肥料は自然界に流亡し、近隣の河川や湖沼ばかりでなく沿岸・海洋域の汚染原因になったともいわれています。

確かに、我が国では近年、安全、低毒、非残留を特性とするいわゆる「無公害農薬」の開発が進むとともに、収穫後の農薬散布の全面禁止などにより、人体や環境に与える影響はかつてとは比べ物にならないほど軽微になりました。ただ、そうはいっても農薬の使用は続いており、労力不足の下で除草剤など増える傾向にあります。それが、食品の残留汚染はもとより環境汚染を招かないという保証はどこにもありません。

輸入濃厚飼料に依存した大量舎飼い方式による畜産の廃棄物は、自然界への有機物の過剰投入により、目に見える形の畜産公害のみならず地下水汚染を招くことが問題視されてきました。このように、

表3－4　論説―農の未来戦略

時は明治末期の日本。小さな島国の、零細な家族農業に「未来」を見た米国人がいた。土壌物理学の父、フランクリン・キング。開拓時代の米国の大地はやせ衰えていた。地力がなくなれば次の土地へ。残るのは累々たる荒れ地と流民、国土荒廃は社会不安を呼んだ。 母国の窮状を憂いたキングは対極にあるアジアの農業に糸口を見いだす。『東アジア四千年の永続農業』は徹底したリサイクル、限られた資源を争わず有効利用する日本農民の、実直な姿を称賛した書物となった。 2015年を国連は国際土壌年と定めた。米国型の収奪農業に疑問を呈した動きである。世界が直面する土壌の劣化、地球温暖化、飢餓、貧困は、行き過ぎた開発、自由化、競争主義がもたらした負の遺産だ。 現代は自然破壊、格差の拡大が深刻化する。経済優先の社会から、共存し共助する社会へ、われわれは転換していかなければならない。狭い国土で集団生活を送ってきた農民の知恵に学ぼう。奪い合いから分かち合いへ。競争から協力へ。今後4000年続く農業を築いていかなければならない。 世界の四大文明は全て大河の下流域に興った。権力者がかんがい施設を建設し、統制することで高い農業生産力を上げた。湿度が低く病虫害の危険も小さい。かんがいによって栄えたが、かんがいによって文明は滅びた。農業は持続性がなければ民を養えない。歴史はこう伝えてきた。 100年前まで日本は海外の肥料に一切頼らずに生産力を維持していた。都市の下肥を集め、かまどの草木灰、山野の草木、作物残さまで堆肥にする。貧しい農民が何とかして肥料を自給し生産を上げようと工夫していた。 その伝統的農業も近代化の波にのまれ、食料は他国に委ねられた。トウモロコシ、大豆、小麦など年間300万トン近い穀物を30年以上にわたり恒常的に輸入してきた。 穀物メジャーは穀物価格の高騰、燃料用穀物生産の拡大を背景に、アジア、アフリカの広大な農地を急速に開発している。森林は伐採され、先住民の生活の糧、生活の場は奪われ、農家は賃金労働者となって貧困が作られていく。 半世紀余りで農村の風景は大きく変わった。生き物がたくさんいた頃の自然環境を「取り戻す」運動が各地で始まった。 人々の共有資源である漁業資源、入会地、かんがい用水など共同で管理する資源を、破壊することなく長い間安定利用するにはどうするか。答えは国家の管理でもなく、市場原理でもない。地域の人々の参加による自治的な管理であった。

出典：日本農業新聞　2015年1月1日より抜粋

今日の機械化・化学化農法は明らかに環境に対する加害者という側面を有していることを直視しないわけにはいきません（**表3－3**）。

ただ、機械化、化学化は我が国のみならず農業が過度に輸出産業化しているアメリカの大規模経営においても、ヨーロッパの農民経営の下でも、あるいはまた発展途上国やかつての社会主義圏における食料増産の手段としても、広く採用されています。機械化、化学化など農業の工業化による単作・省力技術が、兼業対応型技術であると同時に、商業的単作農業やとりあえずの食料増産に対しても適合的な面を有しているからでしょう。その結果、問題の発生経路は各国農業の置かれた事情により異なりますが、機械化・化学化技術が招いた農業環境問題は世界的な広がりを見せています。

こうした中、世界的に土壌資源の持続的利用や保全を図るため、２０１３（平成25）年12月の国連総会では12月5日を[8]世界土壌デーと定め、２０１５（平成27）年を国際土壌年とする決議文が採択されました。これに関連した興味深い新聞の論説記事を抜粋して紹介しておきたいと思います**（表3－4）**。

大量輸入の顛末

大量に輸入される農産物や食品の[9]ポストハーベスト農薬汚染問題や[10]食品偽装問題は、これまでもしばしば深刻な社会問題として報じられてきました。ポストハーベスト農薬といっても、その使用種類、使用理由、使用方法などは国によってそれぞれ異なるという具合に、複雑きわまりありません。このため日本で検査対象とされている農薬以外は、事実上フリーパスで入ってきてしまいます。

近年急増している空輸による生鮮、加工、半加工食品については、空港の検査体制がオーバーフローをきたし、検査が追いつかない状態だといわれています。とりわけ、中国や東南アジアなど開発途上国の農薬規制は著しくルーズなので、これらの使用頻度が多いといわれる外食、調理食品、学校給食等を介して多くの国民が残留農薬汚染にさらされないとも限りません。飽食の陰で進む食と健康を蝕む問題として注視しなければならないでしょう。

さらに、農産物の大量輸入が世界的規模での環境問題の引き金になっているといった問題もあります。しばしば取り上げられる大量の木材輸入による森林破壊のみならず食料や飼料としての農産物輸入も、同様に輸出国の環境破壊を増幅するといった問題をはらんでいます。例えばアメリカから大量の飼料用トウモロコシを輸入することは、アメリカの耕土荒廃に拍車をかけるといわれています。数ある畑作物の中でもトウモロコシは最も地力収奪的作物の一つだからです。それを毎年連作すればおのずと地力は衰えてしまいます。

近年はまた、先に見たように食料輸送に伴うCO_2（二酸化炭素）の排出が地球環境に悪影響を及ぼす

トウモロコシ（右）と小麦（左）の間に長大な灌漑用水路を設けている（アメリカ・カリフォルニア州）

ということでフード・マイレージが注目されるようになりました。これは輸入される食料の重量に輸送距離を掛けた値にCO_2の排出係数を掛けることで算出される指標で、食料輸入が多いほどその値は大きくなります。ちなみに我が国のフード・マイレージはアメリカの３倍、イギリスの約５倍にも及んでいます。

農産物の大量輸入が、いまだ食料不足や飢餓が蔓延する世界から大量の農地や水を奪うことになることに対して憤りを覚える人たちも増えてきました。ちなみに、我が国の主な輸入農産物の生産に必要だとされる農地面積は１２４５万haと、国内農地面積４６５万haの２・７倍に相当します。

輸入食料を自国で生産するのに必要な水資源量・バーチャルウォーターは年間６２７億㎥と、我が国の一般家庭で使用する年間の水使用量の５・６倍にも及ぶという試算があります。大量の農産物輸入は、人口増加や砂漠化が進む世界から農地や水など希少財化する資源を奪い取ることになるわけで、早晩国際的な非難にさらされないとも限りません。

環境保全への胎動

こうした問題に対しては、それを克服するさまざまな取り組みが始まっています。多様な形で環境保全型農業への転換を目指す取り組みは、全国各地で試みられるようになりました。[11]グリーンツーリズム、[12]エコツーリズム、農産物直売所などを活用した都市農村交流も広がりを見せています。

成果のほどは別として、国の農業政策では食料自給率を差し当たり45%、将来的には50%まで高めるという数値目標を掲げてきました。ただ、一連のこうした取り組みはいまだ緒についたばかりだといっても過言ではありません。農業環境問題の多くが、中心部の都市から遠い中山間地域など周辺部で起きていることもその一因でしょう。問題が深刻化しているにもかかわらず、多くの人々の目が届きにくいところでそれが引き起こされているからです。こうした問題が引き金となって、暴動や社会不安など人々の暮らしを脅かすような事態を招いているわけでもありません。

ただ、経済的繁栄の結果でもある農業環境問題が国民の生活基盤を徐々に蝕みつつあるとすれば、それを放置しておくことは将来に大きな禍根を残すことになります。輸入依存型の食料供給には、近年の国際穀物価格の高騰に見られるように、暗雲が垂れ込めています。それはまた、食料自給率が極端に落ち込んだ我が国にとって問題視されるだけではありません。

価格の高騰は食料が買えなくなる多くの途上国にとって死活問題となります。それが長引けば貧困や飢餓が増幅され、食料暴動やテロを誘発するなど世界平和を脅かしかねません。その徴候は、2008(平成20)年の国際穀物価格の高騰を契機に世界各国、各地域で見られました。

金にあかせて食料の大量輸入を続ける我が国は、直接的にではないにしろ巡り巡って途上国問題の発現に加担しているといわれてもいたしかたないでしょう。そこで、つぎは我が国の農業・農村の将来について考える前に、食料や農業を取り巻く世界の動向を見ておくことにします。

〈注釈〉

（1）里山里地：奥山自然地域と都市地域の中間に位置し、さまざまな人間の働きかけを通じて環境が形成されてきた地域であり、集落を取り巻く二次林と人工林、農地、ため池、草原、などで構成される地域概念。（『環境白書』平成23年度版）

（2）生物多様性条約：生物の多様性の保全、その構成要素の持続可能な利用及び遺伝資源の利用から生ずる利益の公正かつ衡平な配分を目的とした条約。1992（平成4）年に採択され、1993（平成5）年12月に発効した。日本は1993（平成5）年5月に締結した。条約に基づき生物多様性国家戦略を策定し、これに基づく各種施策を実施している。（『環境白書』平成23年度版）

（3）SATOYAMAイニシアティブ：わが国の里地里山のような世界に存在する二次的自然資源地域における持続可能な自然資源の利用形態や社会システムを収集・分析し、地域の環境が持つポテンシャルに応じた自然資源の持続可能な管理・利用のための共通理念を構築し、世界各地の自然共生社会の実現に活かしていく取組。

2010年に、愛知県名古屋市で開催されたCOP10（生物多様性条約第10回締約国会議）を契機として国際機関や各国とも連携しながらこうした取組を効果的に推進するための国際的な枠組みを設立し、その枠組みへの参加を広く呼びかけている。（環境省）

（4）耕盤：植物根の伸長を著しく阻害し、透水性を低下させている緻密層であり、土壌硬度計の緻密度が29㎜以上で厚さ10㎝以上の層をいう。大型機械の踏圧や鉄や粘土の集積により発達する。（土壌肥料学会）

（5）地力：作物の収穫をつくりだす土壌の能力であり、農業生産にとってもっとも重要な土壌の性質である。地力とは土壌の（1）化学的性質（養分供給能など）、（2）物理的性質（透水性、通気性など）、（3）生物的性質　有用（有機物分解、窒素固定など）の総合されたものである。

農水省の地力保全事業で使われている地力の要因としては表土の厚さ、有効土層の深さ、表土の礫（れき）含量、耕耘の難易、湛水（たんすい）透水性、酸化還元性、自然肥沃度、養分の豊否、障害性、災害性などがあげられている。（世界大百科事典第2版）

（6）二年三作方式：2年間に3種類の作物を順次栽培する方式で、古くは北東北の畑作地帯で「ヒエームギーダイズ」を組み合わせた二年三作方式が広く行われていた。（堀籠謙「東北畑作地帯における土地利用技術の変遷」）

（7）連作障害：畑地で同一作物またはナス科作物のように分類学上近縁な作物を連続して作付けすると、作物の生育が悪くなり、収量が減少することを連作障害という。古くは一般に忌地（いやち）といわれたが、最近ではもっぱら連作障害とよばれている。

連作障害は野菜類で顕著で、生産の大きな隘路（あいろ）になっている。病気は、フザリウム、リゾクトニア、バーティシリウムなど糸状菌の寄生によるほか、細菌、ウイルスの寄生が原因になっている場合もある。いずれも病原は土壌中に生存しており、一般に土壌病害とよばれている。連作障害の対策は、連作を避けることが基本となるが、原因が土壌病害の場合には土壌消毒を行うほか、生態的な防除法を組み合わせて被害を回避する。なお、水田につくる水稲は連作してもまったく連作障害はおこらない。(https://kotobank.jp/ 日本大百科全書)

(8) 国際土壌年・世界土壌デー：全世界で土壌資源についての認知度を高めるため、2013年12月に行われた国際連合総会において、12月5日を世界土壌デーと定め、2015年を国際土壌年とする決議文が採択された。2015年は日本を始め、世界各国で様々なイベントが開催された。(日本土壌肥料学会)

(9) ポストハーベスト農薬：農産物の輸入に伴う海外からの病害虫の侵入を防止したり、農産物の品質を保持する目的で、収穫後の農産物に使用する農薬。ポストハーベストの使用は、一般的に作物の収穫前に農薬を使用した場合に比べ農薬の残留量が多くなりがちで、食料を多く海外から輸入する国での関心は高い。(『新・よくわかる農政用語』全国農業会議所)

(10) 食品偽装問題：食料品について、生産地、原材料、消費期限、賞味期限などを本来とは違う表示をして流通・販売した牛肉偽装、大手ホテルのメニュー表示における食材偽装、赤福餅の消費期限偽装など一連の問題。

(11) グリーンツーリズム：自然豊かな農山漁村に滞在し、その地方独自の自然・文化や、地元の人々との交流を楽しむ余暇の過ごし方。1970年代からイギリス、ドイツ、フランスなどを中心に広がった。日本でも農林水産省の提唱で1954年から、(財)都市農山漁村交流活性化機構が農林漁家の体験民宿登録制度をスタートさせ、研修や広報の面で支援している。(『新・よくわかる農政用語』全国農業会議所)

(12) エコツーリズム：自然環境や歴史文化を対象とし、それらを体験し学ぶとともに、対象となる地域の自然環境や歴史文化の保全に責任をもつ観光のあり方。一般には1982年にIUCN(国際自然保護連合)が「第3回世界国立公園会議」で議題としてとりあげたのが始まりとされている。日本においてもエコツアーが数多く企画・実施されており、環境省では持続可能な社会の構築の手段としてエコツーリズムの推進に向けた取り組みを進めている。(『環境白書』平成23年度版)

第４章

引き続く世界の食料不安

高騰する穀物価格

近年、小麦、トウモロコシ、大豆、米など穀物の国際価格は異常な高騰を見せました。自然相手の農業生産は豊凶変動が避けられません。しかも、穀物の多くは国内消費が優先され、輸出に回るのはその余剰部分ですから、おのずと不作時などは貿易量が極端に制限されることになります。穀物の国際価格は食料危機が叫ばれた1970（昭和45）年代初頭に価格高騰に見舞われ、その後も短期間に小刻みな変動を繰り返してきました（**図4－1**）。

ただ、2008（平成20）年以降に起こった大幅な価格の乱高下は、単なる豊凶変動だけだと説明がつかないでしょう。2012（平成24）年9月28日現在までのデータで見るかぎり、この間に穀物価格は、t当たりで米が2008年5月1038ドル、大豆が2012年9月650・7ドル、小麦が2008年2月470・3ドル、トウモロコシが201

図4－1　穀物等の国際価格の動向―2015年6月12日現在―

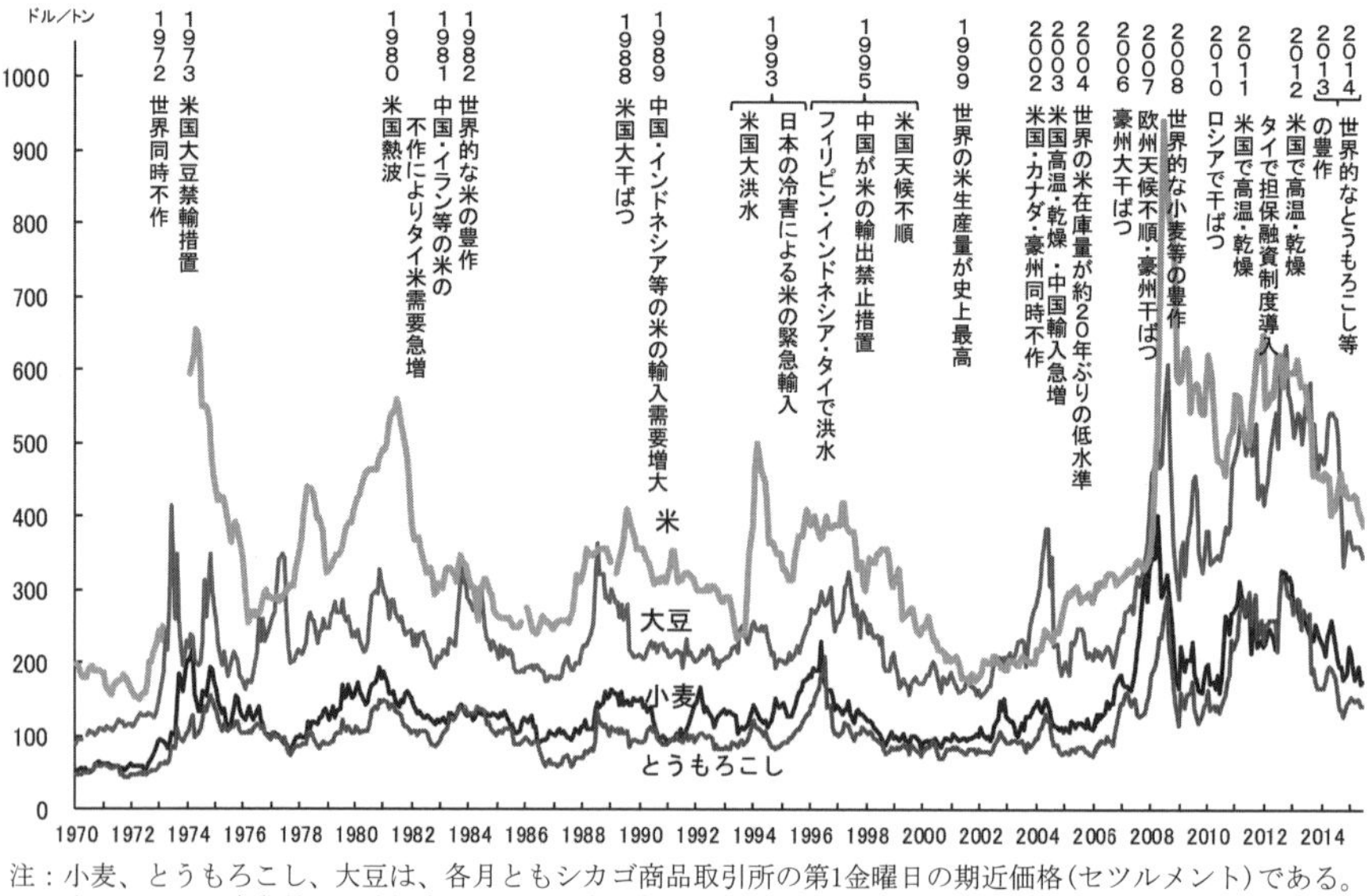

注：小麦、とうもろこし、大豆は、各月ともシカゴ商品取引所の第1金曜日の期近価格（セツルメント）である。
　　米は、タイ国家貿易取引委員会公表による各月第1水曜日のタイうるち精米100%2等のFOB価格である。
資料：農林水産省「穀物等の国際価格の動向」
　　（http://www.maff.go.jp/j/zyukyu/jki/j_zyukyu_kakaku/pdf/kakaku_1122.pdf）

２年８月327・２ドルと、いずれも２００６（平成18）年秋頃価格との対比で２～３倍以上の過去最高値を記録しています。

２００８年の価格騰貴についてよくいわれるのはつぎのようなことです。ブッシュ政権末期のアメリカでエタノール原料用トウモロコシ栽培が急増した結果、玉突き的に小麦や大豆の栽培面積は減少しました。これにヨーロッパの天候不順やオーストラリアの干ばつ等が重なったため、世界の穀物市場は一気に不足基調に転じ、国際投機筋の買い占めとも相まって鋭角的な価格騰貴を招いたのではないか、という説明です。各種要因の価格騰貴への影響度の違いなど細かに見れば多岐に及ぶ諸説が展開されているものの、単なる需給ギャップによる価格騰貴ではないという意味では共通しています。

見込まれる需要の急増

世界人口の増大、ブラジル、中国などブリックス諸国の経済発展による食生活の向上などにより世界の穀物需要量は１９７０（昭和45）年の約11億ｔから２０１０（平成22）年の約23億ｔへと、この40年間で２倍以上に伸びています。これに対して生産量のほうも気象災害等による一時的な落ち込みを別とすれば、同期間内にやはり２倍以上に伸びています。ただ、生産量の増大は穀物の収穫面積が横ばいで推移する中、一貫して単位面積当たりの収量つまりは単収が伸びたことにより達成されてきました**（図４－２）**。

近年、単収の伸びにやや陰りが見えるようになり、加えて干ばつや天候不順で２００６（平成18）～07（平成19）年頃には穀物の在庫水準がＦＡＯ（国際連合食糧農業機関）の定める安全在庫水準である17～18％を下回るのではないかと懸念されました。ですから、穀物の供給不足が価格騰貴の背景にあったことは否定できません。

ただ、２００２（平成14）～03（平成15）年頃には、それ以上の需給ギャップがあったにもかかわらず２００８（平成20）年のような価格騰貴は起こり

図4－2　世界の穀物の生産量、単収等の推移

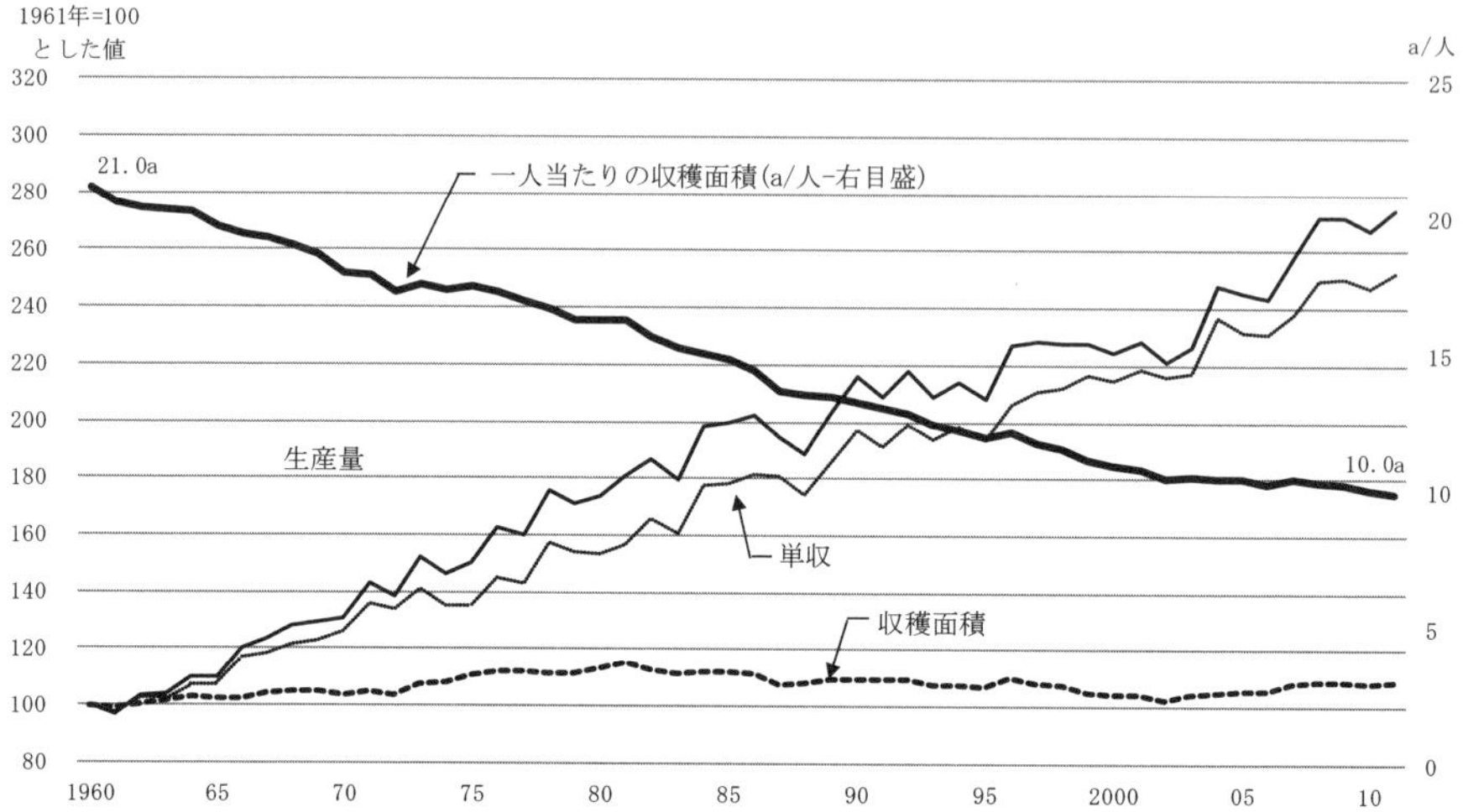

注：生産量、単収、収穫面積は、1660年＝100とした指数。
資料：米国農務省「PS&D」、国連「World Population Prospects:The 2010 Revision」を基に農林水産省で作成
出典：農林水産省「食料・農業・農村白書参考統計表」平成24年度版

ませんでした。

　投機マネーを生み出す世界の金余り現象も、今に始まったことではありません。1970年代初頭にアメリカが金とドルの交換停止を宣言したニクソンショック[1]以降、過剰なドルが世界にバラ撒かれ、それが実需と乖離《かいり》した過剰流動性[2]という名の投機マネーをはびこらしてきたからです。ですから投機マネーが2008年以降、突如として出現したわけではありません。

　ただ、リーマンショック[3]で投資先が消滅するとか、投資リスクが増大したわけですから投機マネーが増える傾向にあったことは確かでしょう。それを穀物投機に走らせるきっかけとなったのは、トウモロコシに対するエタノール需要です。それでなくとも穀物が不足基調を強める中、2007年12月にアメリカ政府が「エネルギー自立・安全保障法」を制定し、突如としてガソリンへのエタノール混入割合を大幅に引き上げました。

穀物とエネルギーの相克

　降って湧いたようなエタノール需要に国際投機筋が色めきたたないはずはありません。これによって国際穀物価格は、単なる需給変動では説明がつかないほどの価格騰貴に見舞われることになりました。2010（平成22）年夏以降続いている再度の価格騰貴にもどうやら同様の要因が絡んでいるようです。

　価格騰貴の背景には70年に一度といわれる全米を襲った大干ばつ[4]があります。世界の穀倉地帯で起きた異常気象による大減産は、すぐさま穀物価格に跳ね返り、大豆やトウモロコシ価格を2008（平成20）年の水準以上に引き上げています。農業界を中心にトウモロコシなど穀物のエネルギー転用を制限すべきとの声が高まりつつあるものの、エタノール混入割合はいまだ引き上げられたままです。

　それに中東・イラン問題を背景に石油価格は穀物以上に騰貴する傾向にあるため、今やアメリカでも補助金抜きで割高なエタノール生産が可能になったといわれています。ですから、アメリカの干ばつ被害が深刻さを増す中、穀物の需給ギャップは2008年以上に拡大するとの見方が広がっています。

　こうした状況を投機マネーが見過ごすはずはありません。投機に煽られながら、穀物価格はこれまで以上に暴騰することが懸念されています。アメリカ、ヨーロッパのみならず、ひたすら成長軌道を突っ走ってきた中国経済も減速傾向を強め、投機マネーに転ずるしかない過剰流動性は増え続けているからです。

　ここ数年間、世界的に穀物需要が伸びる中、立て続けに起きる干ばつや天候不順により供給は不安定さを増しています。異常気象の影響としかいいようがないこうした事態が続けば、エネルギー需要の拡大とも相まって深刻な穀物の供給不足が頻発しないとも限りません。バイオエタノール[5]やバイオディーゼル[6]などバイオ燃料の生産量は、各国の義務目標が設定されるなどこれからも増えると見込まれるから

図4－3　バイオ燃料の生産量の推移と見通し

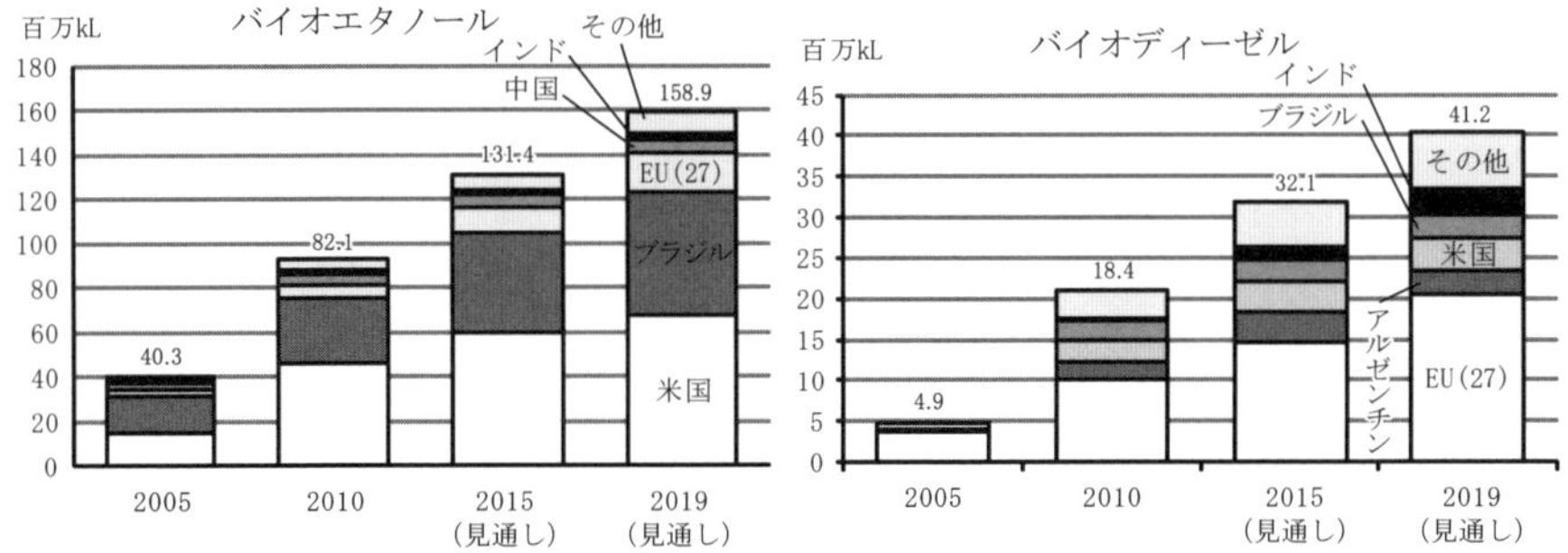

バイオエタノール原料となる主要農産物

ブラジル	さとうきび
米国	とうもろこし、ソルガム
EU(27)	フランス:てんさい、小麦 スウェーデン:小麦、木材
中国	とうもろこし、小麦、キャッサバ
インド	糖蜜(さとうきび)

バイオディーゼル原料となる主要農産物

EU(27)	なたね油、パーム油
米国	大豆油
インド	ジャトロファ
アルゼンチン	大豆油
ブラジル	大豆油

資料:OECD-FAO「Agriculture Outlook 2010-2019」
出典:農林水産省「食料・農業・農村白書参考統計表」平成23年度版

です（図4－3、表4－1）。世界経済が不安定さを増す中、投機マネーが穀物価格の暴騰を誘発するような事態も、これまた頻発する可能性が高いといわざるをえないでしょう。

　需要が増大する下での供給不安、穀物をめぐる食料とエネルギーの相克、肥大化する投機マネーなど、穀物価格の暴騰を招いた今日的要因は、いまだ何一つ解消されていないからです。

増幅される飢餓

　食料不安や食料価格の高騰が続くとすれば、それが国際社会に及ぼす影響は図り知れません。その一端はここ数年間に起きた出来事から、ある程度窺い知ることができます。穀物価格が急騰したことで大半の食品・加工品も値上げを余儀なくされ、家計に多くの負担を強いることになりました。

　我が国などでは、これで暴動が起きるようなことはありませんでした。円高メリットの還元、家計に

表4－1　各国のバイオ燃料義務目標等

国・地域	義務目標等	備考
米国	再生可能燃料を平成20(2008)年の90億ガロンから平成34(2022)年までに360億ガロンまで拡大(うち、210億ガロンは先端的バイオ燃料*、150億ガロンが従来型のバイオエタノール)	義務目標
ブラジル	無水エタノールの混合率20～25%、平成20(2008)年1月から軽油に対してバイオディーゼルを2%混合、7月からは3%混合、平成21(2009)年7月からは4%混合、平成25(2013)年からは5%混合	混合義務
EU	全輸送用燃料に占める再生可能燃料の割合を平成32(2020)年までに10%	義務目標
ドイツ	全輸送用燃料に占める再生可能燃料の割合を平成22(2010)年までに6.75%、平成27(2015)年までに8%、平成32(2020)年までに10%	義務目標
フランス	全輸送用燃料に占める再生可能燃料の割合を平成27(2015)までに10%、平成32(2020)年までに10%	平成32(2020)年のみ義務目標
イタリア	全輸送用燃料に占める再生可能燃料の割合を平成22(2010)年までに5.75%、平成32(2020)年までに10%	義務目標
英国	全輸送用燃料に占める再生可能燃料の割合を平成22(2010)年までに5%、平成32(2020)年までに10%	義務目標
カナダ	平成22(2010)年までにガソリンに対して再生可能エネルギーを5%混合、平成24(2012)年までに軽油に対して再生可能エネルギーを2%配合	義務目標
中国	平成32(2020)年までに輸送用燃料需要量に占めるバイオ燃料の割合を15%とし、非食料原料からのバイオエタノール年間生産量を1千万t	義務目標

注:＊印は食料資源と競合しないもみ殻などリグノセルロース系資源を原料として、合成酵母による糖化や熱化学分解等の手法で製造するバイオ燃料
資料:FAO「The State of Food and Agriculture 2008」
出典:農林水産省「食料・農業・農村白書」平成23年度版

おける貯蓄の取り崩しや食費の節約、企業努力による原料高の吸収・緩和などで相当程度対応できたからでしょう。

ただ、途上国などでは深刻な事態を招きました。それを象徴的に物語るのが世界の栄養[7]不足人口が2006（平成18）年～08（平成20）年の8・5億人から09（平成21）年の10・2億人と急増したことです。穀物価格の下落により2010（平成22）年には9・3億人に減少したものの、その後の価格高騰により再び栄養不足人口が急増しないとも限りません（**図4－4**）。

栄養不足人口を国・地域別に見ると、アジア・太平洋が5・8億人、サブサハラ・アフリカが2・4億人と両者で全体の9割近くを占めています。栄養不足人口および総人口に占める栄養不足人口の比率について上位10カ国を並べて見ると、絶対数が多いのはインドの2億1700万人、中国の1億5800万人などですが、総人口に占める栄養不足人口

図４－４　世界の栄養不足人口の推移

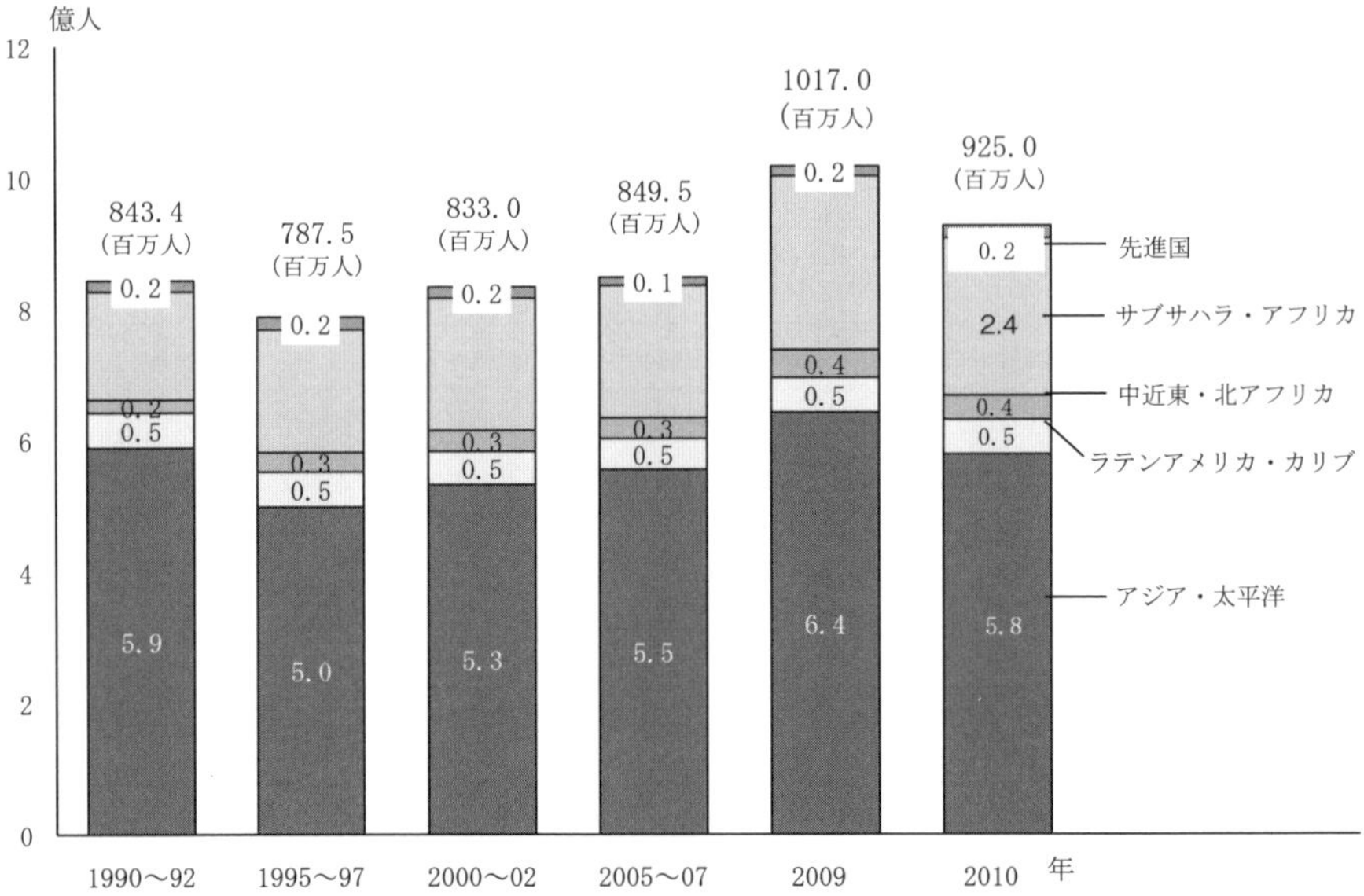

資料:FAO「Food Insecurity in the World 2010」
出典:農林水産省「食料・農業・農村白書」平成23年度版

の比率はサブサハラ・アフリカ地域（サハラ砂漠より南の地域。島嶼を含む。94頁の注釈（3）参照）が上位10カ国のうち9カ国を占めています。

ちなみに栄養不足人口比率が高いのは、ブルンジの73％を筆頭に、エリトリア65％、ザンビア47％、ハイチ45％、エチオピア40％、スーダン、モザンビーク、タンザニアがともに39％、コンゴ37％、ウガンダ35％と、ハイチ以外は全てサブサハラ・アフリカ地域に集中しています（**表４－２**）。我が国で飢餓や栄養不足問題といえばサブサハラを思い浮かべる人が多いのも頷《うなず》けます。

こういう国々や地域は、頻発する自然災害、多発する紛争、蔓延するエイズ、加速する農地の荒廃などさまざまな理由で慢性的な食料不足に陥っています。国際的な穀物価格や食料価格が高騰すると、それでなくとも困難な海外からの食料調達がますます難しくなってしまいます。

外貨不足の国が多いので価格が高騰すれば、それだけ輸入量が制限されるからです。それだけではありません。国際機関を始めとする各種支援団体も軒

表４−２　栄養不足人口および同比率上位10カ国（2010〜2012年）

順位	国名	栄養不足人口（100万人）	順位	国名	栄養不足人口比率（%）
1	インド（南アジア）	217	1	ブルンジ（サハラ以南アフリカ）	73.4
2	中国（東アジア）	158	2	エリトリア（サハラ以南アフリカ）	65.4
3	パキスタン（南アジア）	35	3	ザンビア（サハラ以南アフリカ）	47.4
4	エチオピア（サハラ以南アフリカ）	34	4	ハイチ（ラテンアメリカ・カリブ海）	44.5
5	バングラデシュ（南アジア）	25	5	エチオピア（サハラ以南アフリカ）	40.2
6	インドネシア（東南アジア）	21	6	スーダン（サハラ以南アフリカ）	39.4
7	スーダン（サハラ以南アフリカ）	18	7	モザンビーク（サハラ以南アフリカ）	39.2
7	タンザニア（サハラ以南アフリカ）	18	8	タンザニア（サハラ以南アフリカ）	38.8
9	フィリピン（東南アジア）	16	9	コンゴ（サハラ以南アフリカ）	37.4
10	ナイジェリア（サハラ以南アフリカ）	14	10	ウガンダ（サハラ以南アフリカ）	34.6

資料：JAICA「世界の食料不安の現状　2012年報告」

並み資金不足に陥り、援助用の食料確保すらままならなくなってしまいます。加えて各国が相次いで穀物の輸出禁止や輸出制限などに踏み切るため、国際市場から穀物が姿を消し、事態の悪化にますます拍車がかけられることになります。自国内への穀物供給を優先するための措置である以上、おそらくこれを止めることはできないでしょう。

輸入や援助など食料調達手段の多くを失った途上国など格差社会の底辺で生きる人々は、穀物価格が投機に煽られて暴騰する中、食料をめぐる抗議行動や暴動を繰り広げながら、飢餓が蔓延する絶望の淵へと追い込まれていくことになりかねません。

遠のく世界食料サミットの目標

かつて世界185カ国から中国の李鵬首相、インドネシアのスハルト大統領、キューバのカストロ国家評議会議長など首脳レベルを含む多くの代表が参加してイタリアのローマで開催された[8]世界食料サミ

ひどい干ばつで作物の不作が続き、エチオピア全土で食料不安に陥っている
© FAO/Giulio Napolitano/FAO

ットでは、当時8億人以上いるといわれた世界の飢餓・栄養不足人口を2015（平成27）年までに4億人程度に半減させると宣言しました。

にもかかわらず栄養不足人口は減るどころか、2009（平成21）年に10億人を突破し、2015年5月の国連報告でも7億9500万人と、半減目標から大きくかけ離れています。穀物価格の高騰がこれからも頻発するようだと、栄養不足人口は半減どころか、その増大が懸念されます。穀物や食料の海外依存度が高いままだと、途上国が飢餓の罠から逃れ出るのはますます難しくなるでしょう。国際的な穀物価格の高騰は途上国の飢餓問題を増幅しながら抗議行動や暴動の引き金となり、深刻な社会不安を招くことが常態化してしまいかねません。

このため2009年7月に開催されたG8ラクイラ[9]・サミットでは、2010（平成22）～12年の3年間で農業関連分野に対する221億ドル以上の援助を表明するなど、食料不安を抱える途上国の人々に向けた支援策が強化されました。

ただ、そもそも途上国の多くが穀物や食料の多くを海外に依存してきたかといえば、決してそうではありません。第二次世界大戦後しばらくの間、途上国地域はむしろ農産物の輸入よりも輸出が上回る純輸出地域でした。それが１９８０年代半ば以降純輸入地域に転じるようになり、とりわけ２０００（平成12）年代に入ると純輸入額を増大しながら恒常的な輸入地域に特化するようになってしまったのです。

　ですから、多少迂遠なようでも、戦後過程で途上国がここまで追い込まれるに至った事情を、ある程度探り出しておかなければなりません。国際社会の中で、これまで途上国が置かれてきた状況を改善することなしには、農業分野に対する各国の支援策も功を奏することが難しいと思われるからです。

〈注釈〉

（1）ニクソンショック：アメリカ合衆国のリチャード・ニクソン大統領が１９７１年８月15日に、テレビとラジオで全米に向けて、金ドル交換停止を電撃的に発表したことをいう。この金ドル交換停止は、極めて大きな驚き（サプライズ）を与え、これによって１９４４年から続いたブレトンウッズ体制（金とドルとの交換を前提とした固定相場制）が一気に崩壊した。（金融経済用語集）

（2）過剰流動性：現金や預金などの流動性が正常な経済活動に必要な適正水準を上回った状態をいう。財もしくはサービスに対する支出が増加しやすくなるため物価の上昇要因の一つとなる。

第２次世界大戦後の国際通貨基金ＩＭＦ体制では、基軸通貨国であるアメリカは自国通貨で対外決済をなしえたため、そのような歯止めが働かず、流動性の過剰供給を長期的に助長する結果となった。過剰流動性におちいると、金融機関ではお金が余って使い道に困ることになるため、過剰な貸付や投資に向かう結果、土地や株価の上昇を招き、いわゆるバブルが生じることがある。

１９８０年代後半に起こった日本のバブルやサブプライム問題は、日本や米国の金融緩和、原油価格の高騰によるオイルマネーなどによって発生した過剰流動性が背景にあったと云われている。(https://kotobank.jp/ ブリタニカ国際大百科事典)

（3）リーマンショック：米国第４位の大手証券会社・投資銀行リーマン・ブラザーズの破綻（はたん）（２００８年９月15日）が引き金となった世界的な金融危機および世界同時不況。世界のほとんどの国の株式相場が暴落し、アメリカばかりでなくヨーロッパ、日本が第二次世界大戦後初の同時マイナス成長に陥った。

リーマン・ブラザーズが経営危機に直面したのは、低所得者層向け住宅ローン（サブプライムローン）の証券化商品を大量に抱えていたところに、住宅バブル崩壊が起こり、２００８年６月に入ると株価が急落したためであった。

(https://kotobank.jp/ 朝日新聞掲載「キーワード」)

(4) 干ばつ(かんばつ)：雨が降らないなどの原因である地域に起こる長期間の水不足の状態である。旱は「ひでり」、魃は「ひでりの神」の意味である。いずれも常用漢字ではないため干ばつと表記する場合がある。

干ばつの被害を総じて旱害（かんがい）と呼ぶ。干害とも書き、これは旱害の書き換え語でもある。近年では、2006年~7年の中国やオーストラリア、2011年のアフリカ東部、2012年米国中部などで大きな干ばつ被害が発生した。(Wikipedia)

(5) バイオエタノール：植物等のバイオマスを原料として製造される燃料。燃焼しても大気中のCO_2を増加させない特性を持っており、ガソリンと混合して利用することにより、ガソリンの燃焼時に発生するCO_2の排出を減少させる効果を有する。(『環境白書』平成23年度版)

(6) バイオディーゼル：油糧作物(なたね、ひまわり、パーム)や廃食用油といった油脂を原料として製造する軽油代替燃料。化石燃料由来の燃料に比べ、大気中のCO_2を増加させないカーボンニュートラルの特性を持った燃料。(『環境白書』平成23年度版)

(7) 栄養不足人口：食事エネルギー必要量を恒常的に満たすには不十分な食料摂取を強いられている人口のこと。慢性的飢餓、あるいは、飢餓人口と同義的に用いられる。(FAO「世界の食料不安の現状」)

(8) 世界食料サミット：1996年11月、国際連合食糧農業機関(FAO)は、ローマにおいて世界食料サミットを開催した。そこで、2015年までに世界の栄養不足人口（約8億人）を半減するとの目標が決定された。その後、この目標達成に向けた進捗が不十分であることから、2002年6月に世界食料サミット5年後会合が開催され、世界の栄養不足人口の半減に向けた各国の取組強化を求める宣言が採択された。(外務省)

(9) ラクイラ・サミット：2009年7月8日（水曜日）~10日（金曜日）までイタリア・ラクイラにて開催された35回目のサミット(主要国首脳会議)。このサミット食料安全保障に関する拡大会合では各国より、食料価格は高値かつ不安定な状況が続いており、食料安全保障確保のためさらなる行動を取る必要があるという共通認識が示され、議論の結果、食料安全保障に関する共同声明が採択された。(外務省)

第５章

食料自給を促す途上国支援

拡大する食料の純輸入

第二次世界大戦後の世界市場における穀物の需給動向は、大まかにいえば戦後間もない1950（昭和25）年は不足、60（昭和35）年代は過剰、70（昭和45）年代は不足、80（昭和55）～90（平成2）年代は過剰、2000（平成12）年代は不足基調への転換といったサイクルを描いて今日に至っていいます。

1980年代以降しばらく続いた穀物過剰の原因はアメリカ、西ヨーロッパを中心とする先進諸国の過剰でした。アメリカのみならず先進諸国もまた膨大な過剰農産物を何らかの形で海外に輸出することを迫られるようになったのです。このため、国連食糧農業機関（FAO）の統計によれば1980年には北米とヨーロッパが世界の全穀物輸出量2億2300万tのうち1億7400万tと8割近くも占めるようになりました。

農産物の貿易構造もまた一変しました。1961（昭和36）年以降の世界の農産物貿易について、純輸出入額の推移を地域別に見ると、すでに両大戦間期に農産物、工業製品の同時輸出国として世界農工分業編成の攪乱要因となったアメリカを含む北米地域は、この間も高い純輸出額を誇っています。しかし、1970年代にはまだEUをはじめとする先進地域は純輸入、アフリカ等の開発途上地域は純輸出という農工分業編成が縮小しながらも続いていました。

それが、1970年代末頃から80年代にかけてEUの純輸入額は急減し、近年、輸出入がほぼ均衡する水準に達しています。逆に開発途上地域とりわけアフリカ地域は、圧倒的な純輸入地域に転じ今日に至っています。アジアの開発途上地域も、70年代半ば以降純輸入地域としての性格を強めています（**図5－1**）。

多くの開発途上国にとって、農産物はもはや工業製品を輸入するための重要な外貨獲得の手段でなくなってしまったばかりではありません。ラテンアメ

図５－１　農産物輸出入額比率の推移

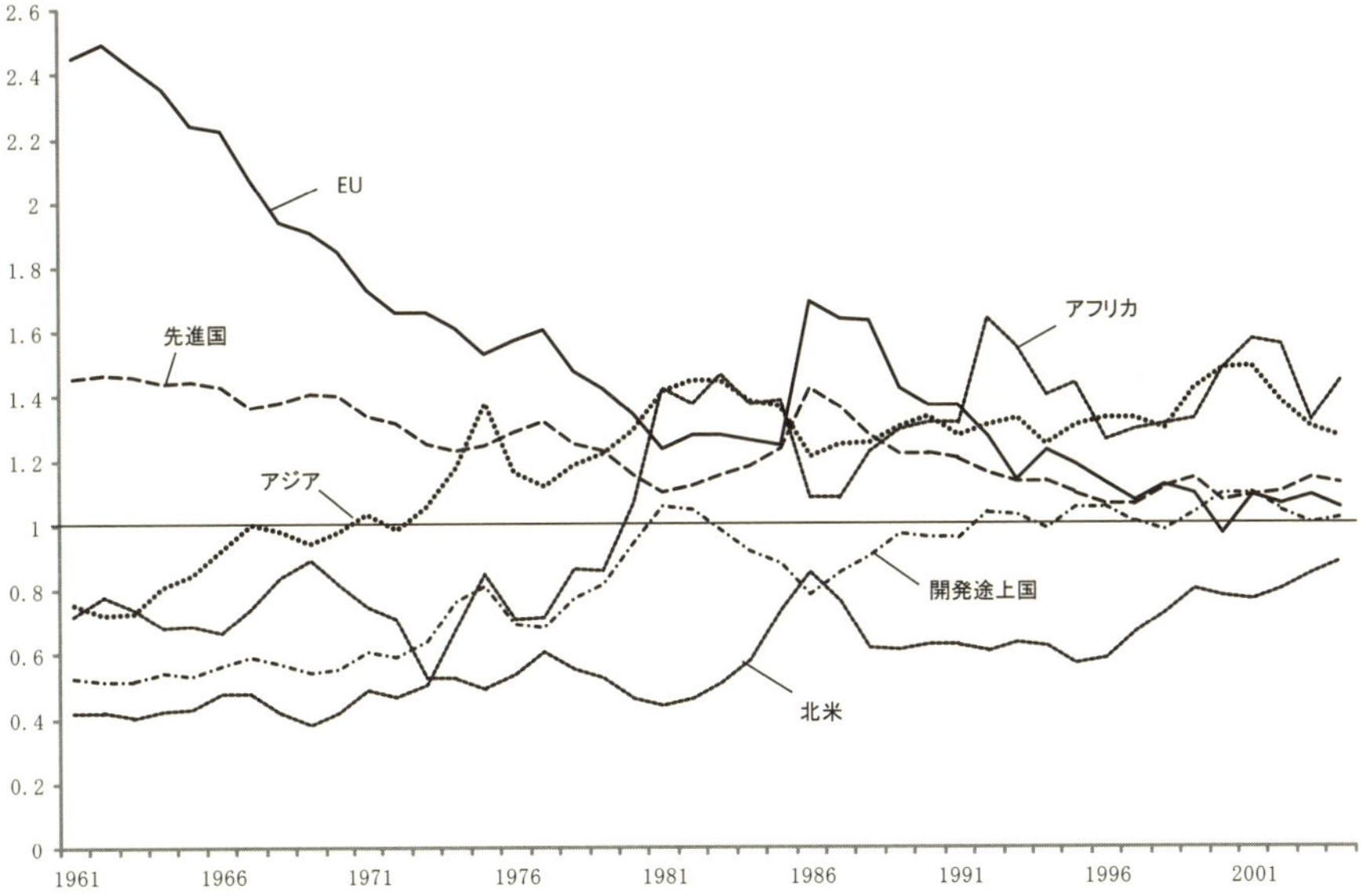

注：1）純輸出入比率は輸入額／輸出額である。（小数点第2位を四捨五入）
2）1986年以降のEU、先進国、世界合計は、EU（2003年まではEU15、2004年はEU25）の域内流通を除いた数値である。
3）北米は先進国（米国及びカナダ）の数値である。
4）ロシアの1991年以前は旧ソ連の数値である。
5）アジアは、中国、日本及び旧ソ連（アジア地域）を除く地域である。
6）CIF価格である。
資料：FAO FAOSTAT
出典：農林水産省「海外食糧需給レポート」2005年版

リカ以外の途上国の多くは、農産物の輸出で食料輸入の財源を確保することすら難しくなってしまいました。

特産品への特化

途上国の多くは、先進国における農産物の増産と輸出圧力が強化される過程で、ますます数種類の特産品に特化する傾向を余儀なくされてきました。この結果「アフリカの輸出の約40％はコーヒーとカカオ、ラテンアメリカの輸出の70％は砂糖、コーヒー、大豆、近東の輸出の60％は果物、野菜、綿花、極東の輸出の40％はゴム、米、植物油」（D・グリック著　山本正三・村山祐司訳『新版　第三世界の食料問題』１９９４年、農林統計協会）が占めるようになったといわれました。

ただ、こうした産品は、すでに飽和状態に達したといわれる先進諸国における嗜好品需要の伸び悩み、合成繊維や合成ゴム等の代替品の普及等々により輸出難に陥っているばかりではありません。打ち続く異常気象や連作に伴う耕土荒廃の影響で、生産そのものも不安定さを増しています。

輸出可能な石油や鉱物資源や工業製品を有する一部の国は別として、途上国の多くは特産品の輸出による食料輸入財源の確保すらままならないまま、自国の食料増産を上回る人口爆発の下で、飢餓と栄養不足に悩まされ続けています。近年、石油など天然資源の輸出を梃子に高い経済成長率が注目されているアフリカ地域でも、いまだ飢餓・貧困から脱却するまでには至っていません。

このように第二次世界大戦後の推移を見るかぎり、先進国の多くは、両大戦間期のアメリカ同様、農工産物同時輸出国化する傾向を強めました。それによって途上国の多くが競合する農産物の輸出市場を奪われただけではありません。残された外貨獲得の手段である少数の特産品すらも先進国における代替品の普及や需要の壁にはばまれ、今や工業製品どころか食料輸入財源を確保することすら難しくなってしまいました。

世界農工分業編成から締め出された途上国の多くは、第二次世界大戦後こぞって植民地からの独立を果たしたにもかかわらず、そうした国々の多くはいまだ国民経済として自立する術《すべ》を見出しえないまま、人口爆発による飢餓と貧困にあえいでいます。

経済発展なき人口爆発

ことの善し悪しは別として、途上国の社会システムには、かつて「多産多死」という人口の自動抑制装置がビルト・インされていました。しかし、冷戦体制下で米露両陣営が競うように展開した衛生・医療・食料などの援助活動により途上国の死亡率は急速に低下し、「多産」を残したまま「多死」のみが「少死」へと転換する傾向が強まりました。先進諸国の経験が物語るように「多産」から「少産」へ移

図５－２　人口転換モデル図

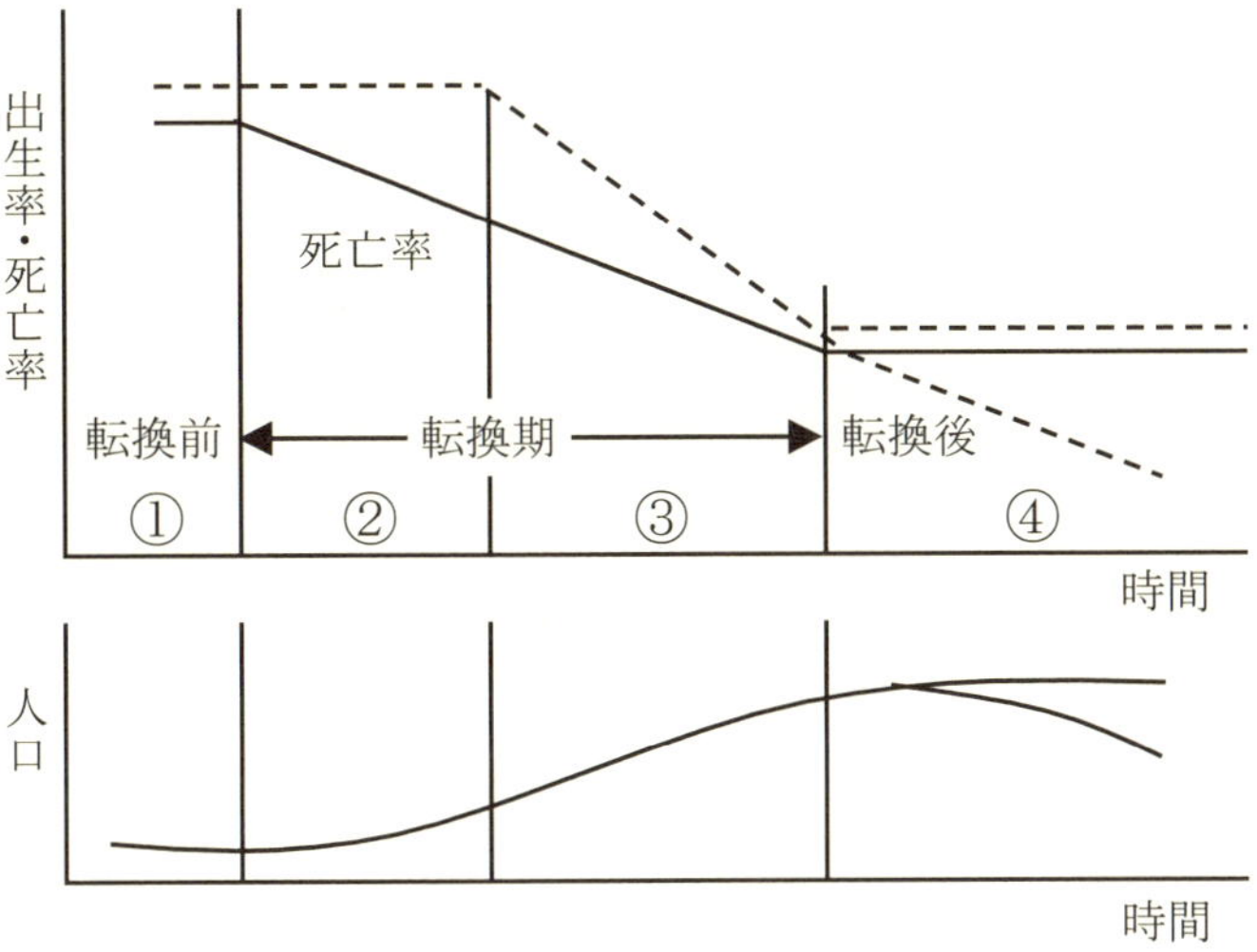

① 多産・多死の前近代的な伝統社会
② 産業の発展による生活水準の向上や医療技術の発展により死亡率(特に乳幼児死亡率)が低下
③ 乳幼児死亡率の低下(働き手としての子供の補充の必要性の低下)、社会保障制度の発展(老後の備えとしての子供の必要性の低下)、女性の社会進出による子育て機会費用の増大(少なく産んで大事に育てる)等による出生率の低下
④ 少産・少死の発展・成熟した社会（ここで出生率がさらに低下あるいは死亡率が上昇すると人口が減少する)

出典：平成14年度「国土交通白書」

行するプロセスを規定する主な要因は、国民経済の発展であり国民所得の向上でした。

それを欠落させた多くの途上国は、いわゆる「貧困に対する自己防衛としての多産」を制御できないまま、人口爆発を招いてきたといわれています（**図５－２**）。先進諸国の過剰農産物が援助やダンピング輸出で大量に途上国にバラ撒かれた結果、外貨獲得手段としての農業発展がはばまれたばかりではありません。食料の海外依存が強まる過程で自国の食料自給基盤の喪失にも拍車がかけられることになりました。

こうして見てくると「多産」の制御手段である国民経済の発展を制約し、飢餓・栄養不足状態からの脱却を困難にした背景には、先進諸国の農産物過剰が深く関わっていました。途上国の飢餓・栄養不足問題は、単に途上国だけの問題でなしに、途上国をして先進国の過剰農産物処理場へと転落させた戦後世界の政治・経済過程に関わる問題でもあるといっていいでしょう。冷戦構造が崩壊した近年はまた、国内外の経済・社会格差の拡大を招くグローバル市場経済が穀物投機等を介して途上国の飢餓・栄養不足問題の増幅に大きく関わっていることは先に見たとおりです。

食料自給基盤の崩壊

途上国の飢餓・食料問題を解決の方向に導くには、途上国をかかる状態へ追い込んだ状況を改善しながら、着実に食料自給体制を構築していくことが求められています。世界の食料需給動向が過剰基調から不足基調に転じるとすれば、これまでのような先進国農産物の過剰圧力も緩和するでしょう。ただ、食料援助に期待することも難しくなります。外貨不足の途上国が農産物価格の高騰に対処するには、否が応でも国内生産を増やしていくしかありません。

増産のために必要な先進国の支援もすでに始まっています。我が国でも、近年アフリカ諸国など途上国農業に対する支援に力を入れています。これからは世界各地で食料争奪[1]や農地争奪が強まることを念頭に置きながら、途上国の飢餓・栄養不足の問題、そして自給率が極端に低い日本の食料・農業問題を考えていかなければならないでしょう。食料不足への懸念が強まる中、近年、中国を筆頭に国境を越えてアフリカ諸国などから農地を買い漁る動きが拡大

図５－３　地域別土地取引件数および規模面積

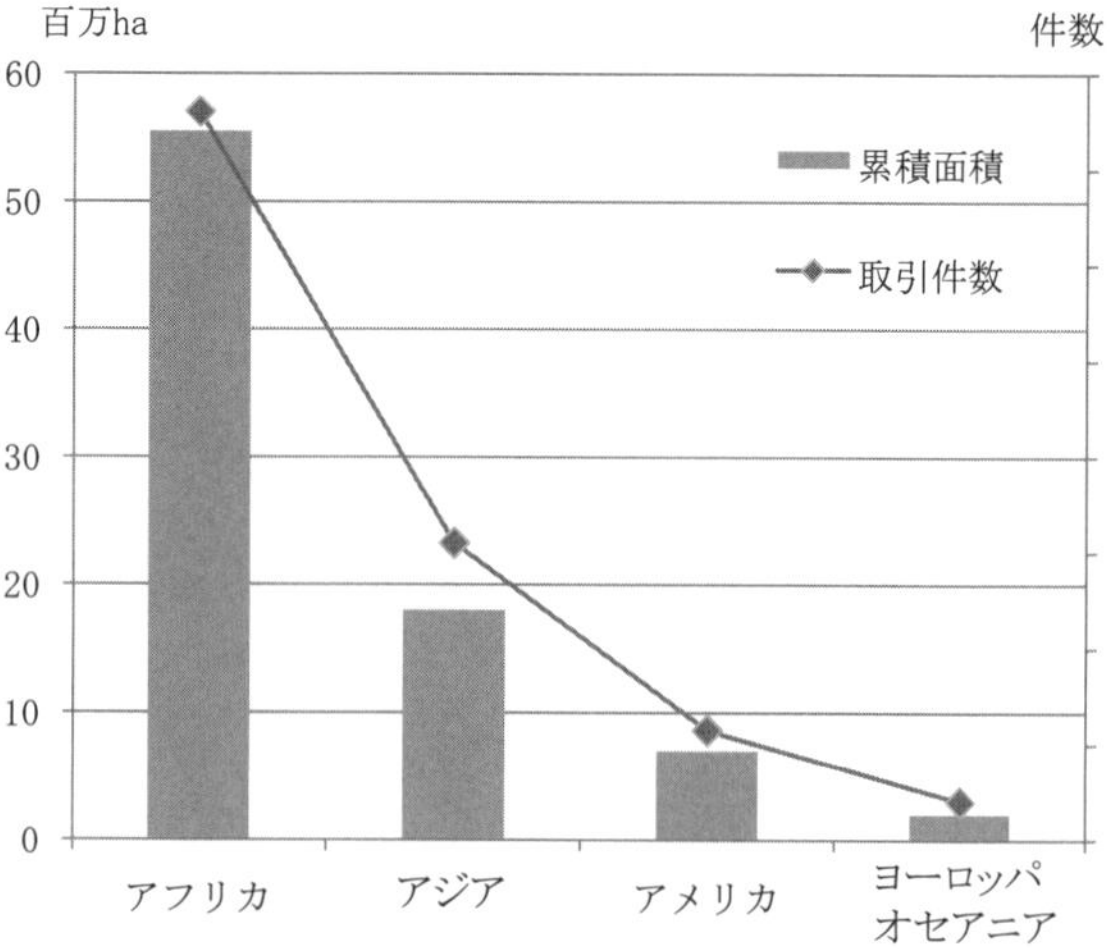

注：規模面積は2000年から2010年までの累積面積
出典：農林水産省「海外農業投資をめぐる状況について」平成25年4月

図5－4　投資元の上位20カ国（面積）

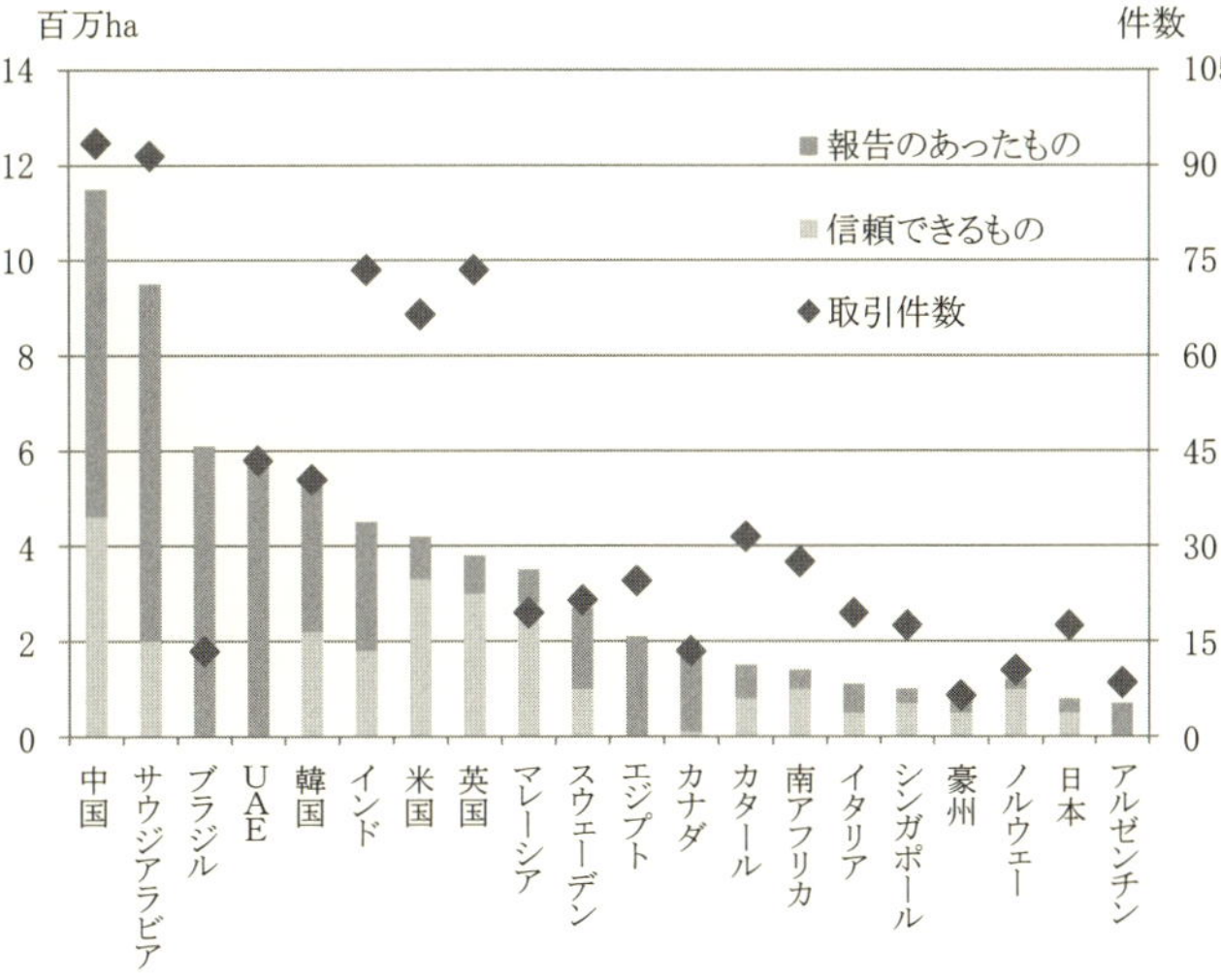

出典：農林水産省「海外農業投資をめぐる状況について」平成25年4月

しているからです（図5—3、図5—4）。

期待される国際支援

世界の飢餓人口を減らすために、現在二つの国際的な目標が設定されています。一つは、１９９６（平成8）年の世界食糧サミット（ＷＦＳ）で設定された目標で、8億人以上いるといわれた飢餓人口を２０１５（平成27）年までに半減させるというものです。

あと一つは、２０００（平成12）年の国連ミレニアムサミットで設定された[2]ミレニアム開発目標（ＭＤＧｓ）で、２０１５年までの間に飢餓人口の割合を半減させるというものです。

どちらも基準年を１９９０（平成2）年としていますが、途上国を中心に人口増加が続く中、飢餓人口の絶対数を半減するほうがその割合を半減するよりも難しいことは明らかです。

ちなみに、２０１１（平成23）〜２０１３（平成25）年の開発途上国の飢餓人口比率は14・3%と目標値の12%に近づいていますが、飢餓人口の絶対数は8億２７００万人と目標値をいまだ大幅に上回っています。中でもサブサハラ・アフリカは、飢餓人口が基準年の１億７３００万人から、２０１１〜２

表５－１　世界の栄養不足人口および栄養不足の人口比率の推移

単位　100万人、％

	1990-1992	2000-2002	2005-2007	2008-2010	2011-2013＊
世界	1015.3	957.3	906.6	878.2	842.3
	18.9%	15.5%	13.8%	12.9%	12.0%
先進地域	19.8	18.4	13.6	15.2	15.7
	＜5%	＜5%	＜5%	＜5%	＜5%
開発途上地域	995.5	938.9	892.9	863.0	826.6
	23.6%	18.8%	16.7%	15.5%	14.3%
アフリカ	177.6	214.3	217.6	226.0	226.4
	27.3%	25.9%	23.4%	22.7%	21.2%
北アフリカ	4.6	4.9	4.8	4.4	3.7
	＜5%	＜5%	＜5%	＜5%	＜5%
サハラ以南アフリカ	173.1	209.5	212.8	221.6	222.7
	32.7%	30.6%	27.5%	26.6%	24.8%
アジア	751.3	662.3	619.6	585.5	552.0
	24.1%	18.3%	16.1%	14.7%	13.5%
ラテンアメリカ・カリブ海	65.7	61.0	54.6	50.3	47.0
	14.7%	11.7%	9.8%	8.7%	7.9%
オセアニア	0.8	1.2	1.1	1.1	1.2
	13.5%	16.0%	12.8%	11.8%	12.1%

注：＊は予測値
資料：国際連合食糧農業機関（FAO）、『世界の食料不安の現状 2013年報告』
　国際農林業協働協会（JAICAF）翻訳・発行

０１３年には２億２３００万人と、減るどころか逆に増えています。飢餓人口比率も24・８％といまだに４人に一人が栄養不足状態に置かれています（**表５－１**）。

　こうした中、近年アフリカでは、資源価格の高騰による急速な経済成長が注目されるようになりました。中国やインドなど新興諸国の経済成長による資源需要の増大が、アフリカの石油や鉱物資源など、いわば「眠れる資源」を呼び起こしたからだといわれています。世界から大量の投資資金がアフリカに流入し、資源開発ビジネスは一躍脚光を浴びるようになりました。その結果、停滞のアフリカは、今や一転して世界の成長センターへの飛躍が期待されています。

　にもかかわらず、飢餓人口がいまだに増え続けるなど、多くの人々が経済発展の恩恵から取り残されています。こうした飢餓を増幅するアフリカの食料不足は、経済発展の足かせになることが懸念されるようになりました。リーマンショックに揺れた２０08（平成20）年前後から国際的に穀物価格が高騰し、食料の輸入依存度の高いアフリカを直撃したからです。食料価格の高騰は貧困層の飢餓に拍車をかけ、農村部、都市部を問わず途上国のいたるところで食料暴動を誘発しました。

それだけではありません。食料価格の高騰は、エンゲル係数が高い途上国の雇用労働者の賃金を押し上げ、経済成長のマイナス要因になりかねません。とりわけサブサハラ・アフリカ地域の製造業賃金は、アジアの途上国よりも高い傾向にあったからです（この点については、平野克己『経済大陸アフリカ　資源、食糧問題から開発政策まで』中公新書による）。このため、当地域では、改めて農業・農村開発が注目されるようになりました。食料生産・食料供給の持続的増大に取り組まなければ、貧困や飢餓からの脱却はむろんのこと、軌道に乗り始めた経済成長も腰砕けに終わりかねないからです。

[3]サブサハラ・アフリカ地域農業の長期にわたる停滞の一因は、農業投資が低下傾向をたどっていることにあります。世界食料農業白書によれば、農業従事者一人当たりの農業資本ストックが多い国ほど、一人当たり農業ＧＤＰも多い、すなわち農業の労働生産性や農業所得も高いといった明瞭な関係が見られるからです。農業従事者一人当たりの農業資本ストックを見ると、高所得国の８万９８００ドルは別格として、低・中所得国の平均の２６００ドルと比べても、サブサハラ・アフリカの数値は２２００ドルと４００ドルも下回っています。加えて当地域の２００５（平成17）年～07年にかけての資本ストックの年変化率はマイナス０・６といまだに減少傾向が続いています（**表５－２**）。

表５－２　従業者一人当たり資本ストック（2005－07）

	１人当たり資本ストック（単位：2005年固定米ドル）	年変化率（%）
高所得国	89,800	3
低・中所得国	2,600	−0.3
サブサハラ・アフリカ	2,200	−0.6

資料：FAO『世界食料農業白書』2012年報告

農業資本ストックは、生産者が保有している有形・無形の固定資産の総額で、具体的には土地開発、家畜、機械・器具、果樹などの農園作物、家畜用の建造物、特許権などが含まれています。サブサハラ・アフリカ地域が農業生産を増大させ、貧困や飢餓を乗り越

図5－5　投資資金源別、特定の低・中所得国の農業における投資

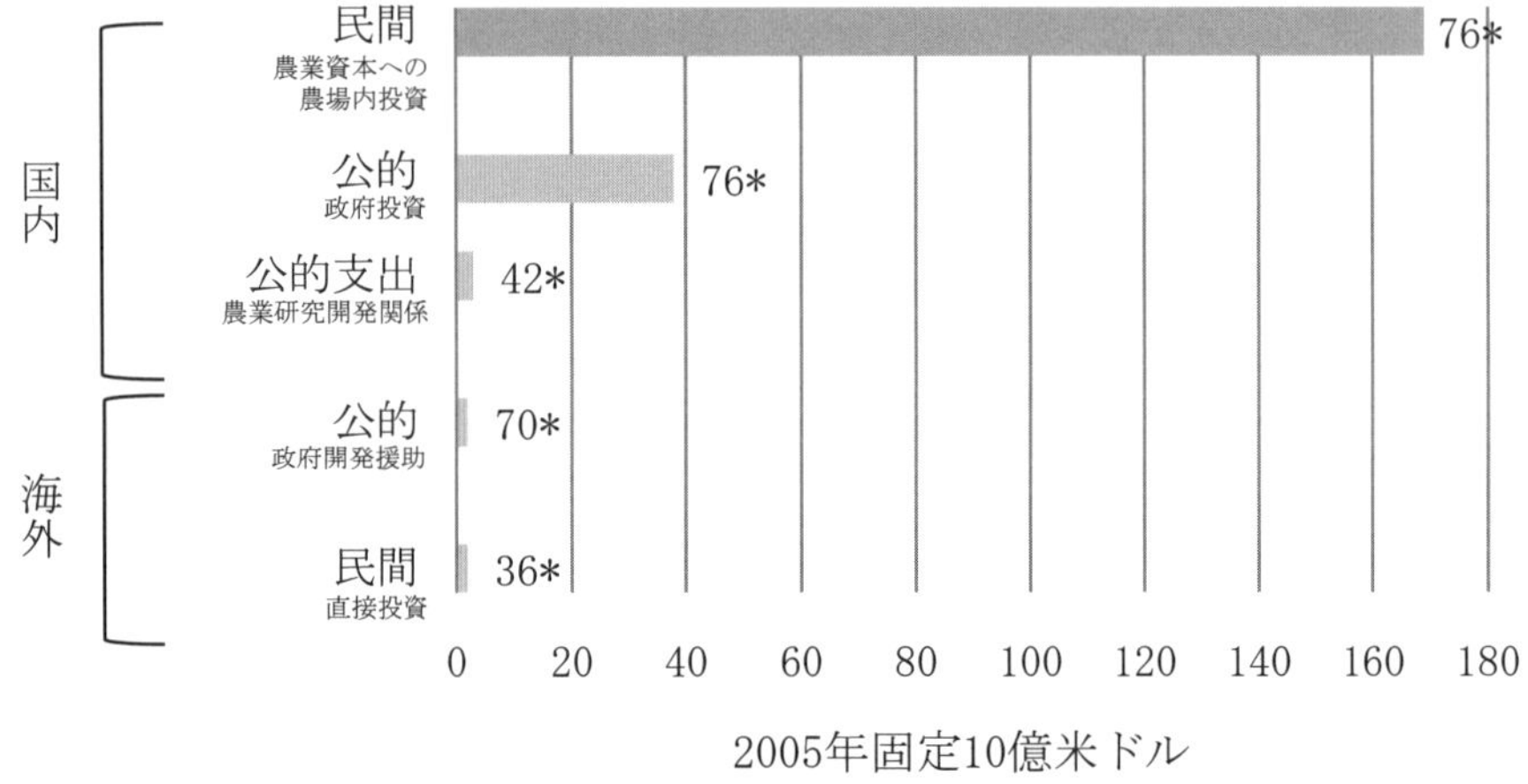

注：＊の数値は国の数
資料：国際連合食糧農業機関(FAO)『世界食料農業白書　2012年報告』p.14図5を転載

えていくには、農業投資を大幅に増やしていかなければなりません。農業投資主体は、農業者自身を含めて国内外の公的機関や民間部門などさまざまありますが、低・中所得国においても、農業者自身によるものが圧倒的な比重を占めています（**図5－5**）。

　このことは、農業者自身による内発的な投資を誘発しうるような公共投資や投資環境の整備に対する支援が期待されていることを物語っています。国連の報告書も「政府やドナー（支援の提供者……引用者）は、小規模農家が貯蓄し投資する上での障壁を克服できるよう援助する重い責任を負っている」（国際連合食糧農業機関〔FAO〕編『世界食料農業白書２０１２年報告』２０１３年）と指摘しています。

　これまで農業・農村開発に対する国際的な支援は[4]政府開発援助（ODA）の主要な分野の一つでした。ただ、世界のODA総額は冷戦構造が終結した１９９０（平成２）年代以降減少の一途をたどり、近年再び増加傾向をたどっています。ただ、その内訳を見ると増えているのは[5]社会インフラの整備等

図５－６　世界の政府開発援助（ODA）額と農業分野の割合の推移

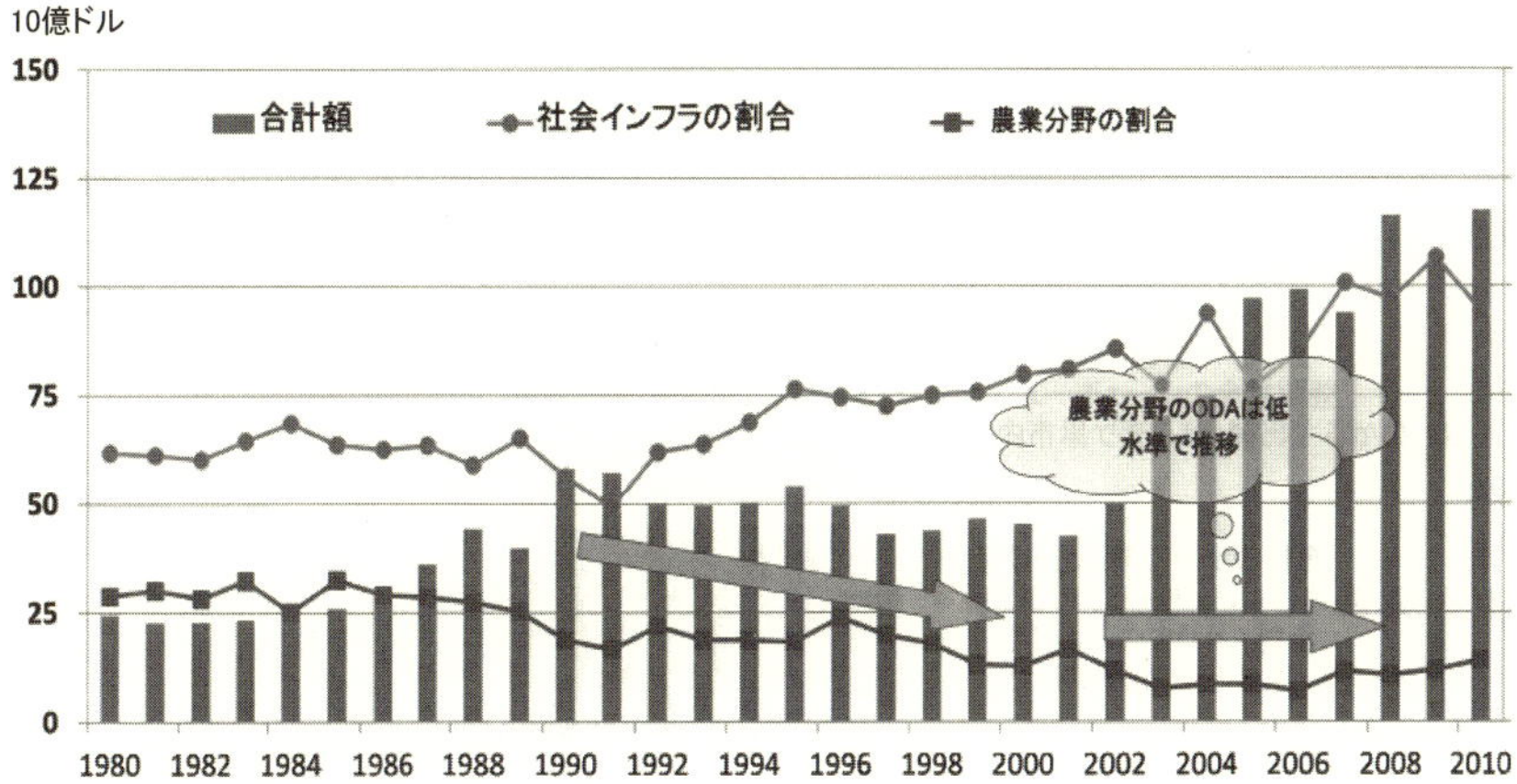

資料：OECD開発援助委員会（DAC）
出典：農林水産省「海外投資資をめぐる状況」（2013年4月版）より転載

で、農業分野へのＯＤＡは全体の１割にも満たない低水準で推移しています（**図５－６**）。

２００７（平成19）年以降の比率が若干増加傾向に転じたのは、穀物価格の高騰により途上国を中心に食料暴動など社会不安が蔓延したからでしょう。農業向け政府開発援助額の推移を見ても、１９９０年から２０００（平成12）年にかけて大きく落ち込み、２０１０（平成22）年には以前と同水準の額に回復していることが分かります（**表５－３**）。ただ、ＯＤＡ全部門に占める農業の割合は、サブサハラ・アフリカでも７・４％と１９８０年の19・６％、90年の16％に比べれば大幅に下回っています。

ちなみに、２００８（平成20）年の世界銀行の『世界開発報告』[6]は、開発のための農業という特集を組み、貧困と飢餓を削減するためには農業振興が重要だとして、「政府や援助国が農業における政策怠慢の歳月を逆転させて、過小投資と誤った投資を是正すれば、より多くの諸国が利益を享受できるだろう」（世界銀行、田村勝省訳『世界開発報告２００８開発のための農業』一灯舎）と指摘しています。

表5－3　農業に対する対政府開発援助（ODA）および全部門に占める農業の割合

	農業向け政府開発援助（100万2005年固定米ドル）				ODA全部門に占める農業の割合（%）			
年代	1980	1990	2000	2010	1980	1990	2000	2010
世界	8,397 (100)	8,193 (100)	4,131 (100)	8,299 (100)	18.8	14.5	5.6	5.9
低・中所得国	8,328 (99.1)	8,150 (99.5)	4,119 (99.7)	8,266 (99.6)	20	15.2	5.6	5.8
サハラ以南アフリカ	2,082 (24.8)	2,897 (35.4)	1,488 (36.0)	2,857 (34.4)	19.6	16	7.1	7.4

注：(　　)内の数字は、世界を100とした場合の割合
資料：前掲『世界農業白書－2012年報告』p.144 ～　表A7の数値を整理

そしてまた「小自作農の生産性、収益性、持続可能性を高めることが、貧困から脱却する重要な道になる」（同上）として、多種多様な政策手段について検討しています。世銀報告が350ページにも及ぶ紙幅を割いて農業を特集したのは、実に25年ぶりのことでした。

こうした中、我が国の支援活動は、冷戦終結後のアフリカに対する国際関心が薄れる頃からむしろ積極的に展開されるようになりました。1993（平成5）年に第1回[7]アフリカ開発会議（TICAD）が東京で開催されたのを皮切りに、同会議は5年に1回の割合で開催されています（**表5－4**）。直近の2013（平成25）年、神奈川県横浜市で行われたTICAD Ⅴでは、アフリカ開発の方向性を示す「横浜宣言2013」や「横浜活動計画2013－2017」が打ち出されました。

活動計画の中には、「農業従事者を成長の主人公に」というタイトルでの農業支援策が盛り込まれています。ここには、2008年のTICAD Ⅳのサイドイベントで立ち上がったアフリカ稲作振興の

表５－４　アフリカ開発会議（TICAD）の概要と経過

＜概要＞　アフリカの開発をテーマとする国際会議。1993 年以降、日本政府が主導し、国連、国連開発計画（UNDP）、アフリカ連合委員会（AUC）及び世界銀行と共同で、５年ごとに首脳級会合を日本で開催。第５回：TICADⅤは、2013 年６月に横浜で開催。	
＜経過＞ TICADⅠ (1993 年　東京)	冷戦が終結し、国際社会のアフリカに対する関心が薄れつつあった時期に開催。アフリカ開発に関する東京宣言を採択。将来のアフリカへの南南協力による支援などを明記。
TICADⅡ (1998 年　東京)	「アフリカの貧困削減と世界経済への統合」が基本テーマ。「社会開発」、「経済開発」、「開発の基盤」の３分野において、数値目標を含む優先的政策・行動を明記した「東京行動計画」を採択。
TICADⅢ (2003 年　東京)	TICADⅡの「東京行動計画」等の評価を通じて検証。
TICADⅣ (2008 年　横浜)	10 年間でサブサハラ・アフリカにおけるコメ生産倍増を目標とする「アフリカ稲作振興のための共同体(CARD:Coalition for African Rice Development)を発表。
TICADⅤ (2013 年　横浜)	横浜宣言において「農業従事者を成長の主人公に」を戦略的方向性の柱の一つとして掲げ、具体的な取組を示す「横浜行動計画 2013-2017」を採択。

資料：外務省、農林水産省関連資料により作成

ための共同体（ＣＡＲＤ）の取り組みが発展的に位置づけられました（**表５－５**）。小農による市場志向型農業の推進や責任ある農業投資原則などに加えて貧困農民とりわけ女性に対する支援などにも言及しています。

ＣＡＲＤの目標は、２０１７（平成26）年までの10年間に米の生産量を１４００万ｔから２８００万ｔに倍増するというものです（**図５－７**）。米は、近年アフリカで需要が急増している穀物であるばかりか、生産拡大の可能性が高いといわれる穀物です。ただ、目標を達成するには、栽培経験のない農民を含めて多くの農民が進んで米生産を担うことが必要になります。

このため支援事業の実施にあたっては、日本の国際協力事業団（ＪＩＣＡ）とアフリカの既存組織が共同で異なる現地事情に配慮しながら農民自身の自助努力を促すという手法がとられました。インドネシア、タイ、ベトナムなどアジアの米生産諸国による支援など南南協力アプローチなども仕組まれています。途中経過は良好で、このままいけば目標以上

表5－5　TICAD V 横浜行動計画(2013-2017)の支援内容
(日本の取り組みを中心に)―農業従事者を成長の主人公に―

成果目標	現状（2013 年現在）
(1)農業セクターにおける成長率 6%の達成(CAADP) (2)2008 年から 2018 年までのコメ生産量の倍増(CARD)	・現在、アフリカ大陸の平均農業成長率は 4% ・アフリカの食料需要の増加は、2020 年までに都市部で 2 倍になると予測 ・米だけでも 2025 年までに 80 億米ドルに達すると予測 ・地方のインフラストラクチャー、特に農家から市場へつなぐ道路の改善必要
TICADⅤが支援するアフリカの取り組み	
包括的アフリカ農業開発プログラム(CAADP)	・MDGs 目標の主な戦略である農業主導の成長 ・年平均６％の経済成長の追求 ・農業部門への国家予算の少なくとも 10%の割り当て ・成長促進のための広域的な補完・協力の摸索
TICADⅤの重点分野	
農業生産の増大及び農業生産性の向上	・CARD 戦略(2018 年までにサブサハラアフリカのコメ生産を 2800万トンに倍増)の推進 ・品種改良及び統計手法の開発支援
小農(特に女性)のための市場志向型農業を促進	・小農による市場志向型農業の推進(SHEP アプローチ)の推進 ・SHEP を推進する技術指導者の人材育成 ・SHEP を実践する小規模農家を育成及び農業団体の育成 ・専門家の派遣、農業機械化、農業生産、流通、販売技術研修
バリューチェーンの整備を促進	・責任ある農業投資原則（PRAI）に沿う農業開発プログラムの促進 ・農村部における小規模発電、諸規模農家に対する技術支援
災害に強靭なインフラ開発を含め、農業及びコミュニティの強靭性の強化	・気候変動等に対応するための農業の強靭性強化支援 ・干ばつ等の自然災害に影響を受ける地域(アフリカの角やサヘル等)の強靭化支援 ・気候変動緩和・適応に資する農業関連技術のアフリカとの共同開発

資料：TICAD「横浜行動計画（2013－2017)」より抜粋・整理

図5－7　アフリカ稲作振興のための共同体（CARD）

＜概要＞

・CARDは、2008年5月、横浜で開催された第4回アフリカ開発会議で、「アフリカ緑の革命のための同盟（AGRA）と国際協力機構（JICA）が共同で発表。

・目的は米の需要が増大し、輸入量が増加し続けているアフリカ地域の稲作の普及。

・稲作振興に関心のあるアフリカのコメ生産国と連携し、二国間ドナー、アフリカ地域機関、国際機関、国際NGOが参加する協議グループが、CARD参加国の国別稲作振興戦略（NRDS）の作成を支援。

・主なドナー、協議グループは日本のJICAを中心にAGRA,JIRCASなど11機関で、事務局はナイロビのAGRAに設置。

＜目標＞サブ・サハラアフリカのコメ生産を下記のアプローチにより2008年から2017年までの10年間で1400万トンから2800万トンに倍増（2011年時点で、約2100万トンまで増加）。

＜現況＞

・稲作の栽培環境別耕地面積　灌漑水田20%、天水低湿地42%、天水畑地38%。

・低湿地、アフリカ全体で2億4千万ha，その10%2000haが低湿地。

・低湿地における稲作開発モデル（適正品種、小規模灌漑、栽培技術等）は未確立。

＜栽培環境別アプローチ＞

灌漑水田	天水低湿地	天水畑地

既存施設のリハビリと水利組合	稲作開発モデルの普及	ネリカ米*の普及
バリューチェーンアプローチ	**人材育成アプローチ**	**南南協力アプローチ**
コメの生産から販売・流通までの価値を向上	稲作の担い手となる研究者、中核農家などを増強	アジア地域の稲作技術支援（協力国：インドネシア、タイ、フィリピン、ベトナム、マレーシア等）

＜支援対象グループ－23ヵ国－＞

【コメ増産可能性を考慮して、サブサハラ諸国の中から選定】

第一グループ	第二グループ
カメルーン、ガーナ、ギニア、ケニア、マリ、モザンビーク、ナイジェリア、セネガル、シエラレオネ、タンザニア、ウガンダ、マダガスカル	ガンビア、リベリア、コートジボワール、ブルキナファソ、トーゴ、ベナン、中央アフリカ共和国、コンゴ民主共和国、ルワンダ、エチオピア、ザンビア

資料：外務省、農林水産省の関係資料により整理

注：＊は、アフリカの食料事情を改善することを目的に開発されたイネ品種の総称（詳細は91頁の表5－6参照）

の成果が見込めそうです。食料自給を動機づける国際的支援のあり方を考える上で、注目に値する取り組みだといっていいでしょう。かいつまんで紹介してみたいと思います。

促したい自主的取り組み

ＣＡＲＤの米生産倍増戦略の特徴は、支援の提供者（ドナー）サイドはもとよりアフリカの既存の試験研究組織や開発計画と幅広く連携して取り組むとされていることです。ＣＡＲＤの立ち上げにあたっては、２００８（平成20）年のＴＩＣＡＤ Ⅳのサイドイベントで日本のＪＩＣＡと[9]アフリカの緑の革命のための同盟（ＡＧＲＡ）が共同で発表するという形で行われました。ＡＧＲＡは、２００６（平成18）年に[10]ロックフェラー財団と[11]ビル＆メリンダ・ゲイツ財団によって設立されたアフリカ版「[12]緑の革命」を目指す民間組織です。米はもとよりアフリカ農業振興のためにケニアのナイロビに本部、アフリカ各地に支部を置き、活発な支援活動を始めていました。その会長は国連事務総長経験者である[13]コフィ・アナン氏です。

ＪＩＣＡはＣＡＲＤ機構を立ち上げるにあたり、アフリカの自主的取り組みを促すにはアフリカ側にも強力なパートナーがいたほうがいいという判断で、最初からＡＧＲＡをパートナーに選んだとのことです。ＣＡＲＤの事務局もナイロビのＡＧＲＡ本部内に設置され、ＪＩＣＡなどから３人のスタッフが派遣されています。

米生産の振興にあたっては、アフリカの自主性とリーダーシップを尊重するとして[14]西アフリカ稲開発協会（ＷＡＲＤＡ、アフリカ稲センターＡＲＣの旧名）、[15]アフリカ農業研究フォーラム（ＦＡＲＡ）など、アフリカ農業振興に関わる既存組織と強い連携を保ちながら推進することとされました。

支援提供者側にも、我が国の国際協力機構（ＪＩＣＡ）や[16]国際農林水産業研究センター（ＪＩＲＣＡＳ）、アフリカ緑の革命のための同盟（ＡＧＲＡ）、アフリカ農業研究フォーラム（ＦＡＲＡ）、[17]アフリカ稲センター（ARC）、[18]アフリカ開発のための新パートナーシップ（NEPAD）に加えてフィリピンの[19]国際稲研究所（IRRI）、国際連合食糧農業機関（FAO）や遅れて加わった世界銀行（World Bank）、[20]国際農業開発基金（IFAD）、[21]アフリカ開発銀行（AfDB）の計11機関が参加し支援にあたっています。

ただ、これら支援機関がまとまった形で統一的に支援するということではなしに、各機関独自の方法で対象国それぞれに必要な支援を行うこととされています。複数の支援機関が共同で特定の対象国に支援することも、排除されているわけではありません。むしろ、支援活動の相乗効果が期待できるとして奨励されています。このようにCARDは、米の増産目的を達成するために、アフリカ各国、各地域の既存組織と連携することで自助努力を促しながら、現地が抱える課題に応じて2国間ドナー、多国間ドナーなど必要な支援を選択できるように仕組まれています。これまでのようなドナーサイドによるトップダウン型支援手法には見られないユニークな取り組みだといっていいでしょう。

支援対象国自らが現地指導機関を動員しながら稲作の現状分析とそれを踏まえた増産戦略を策定し、必要な支援をドナー側から主体的に引き出してもらおうというわけです。この他、CARDとともにTICADの横浜行動計画に組み込まれた包括的アフリカ農業開発プログラム（CAADP）の「年平均6%の経済成長の追求」、「農業部門への国家予算の少なくとも10%の割当」といった数値目標も、CARDが掲げる米の増産目標の達成に大きく関わっています**（表5−6）**。

支援対象国は、2008年ナイロビで開催されたCARDの第1回の本会議において米の重要性が相対的に高い第1グループとして12カ国と第2グループとして11カ国の合計23カ国が正式に決定されました。支援対象国とJICAが実施している支援内容は地図に示したとおりです**（図5−8）**。なお、支援対象国は、CARD事務局の指導を受けながら10年間の行動計画として国家稲作振興戦略（NRDS）をとりまとめることとされています。

図5－8　CARDイニシアティブの支援対象候補国とJICAが実施している支援例

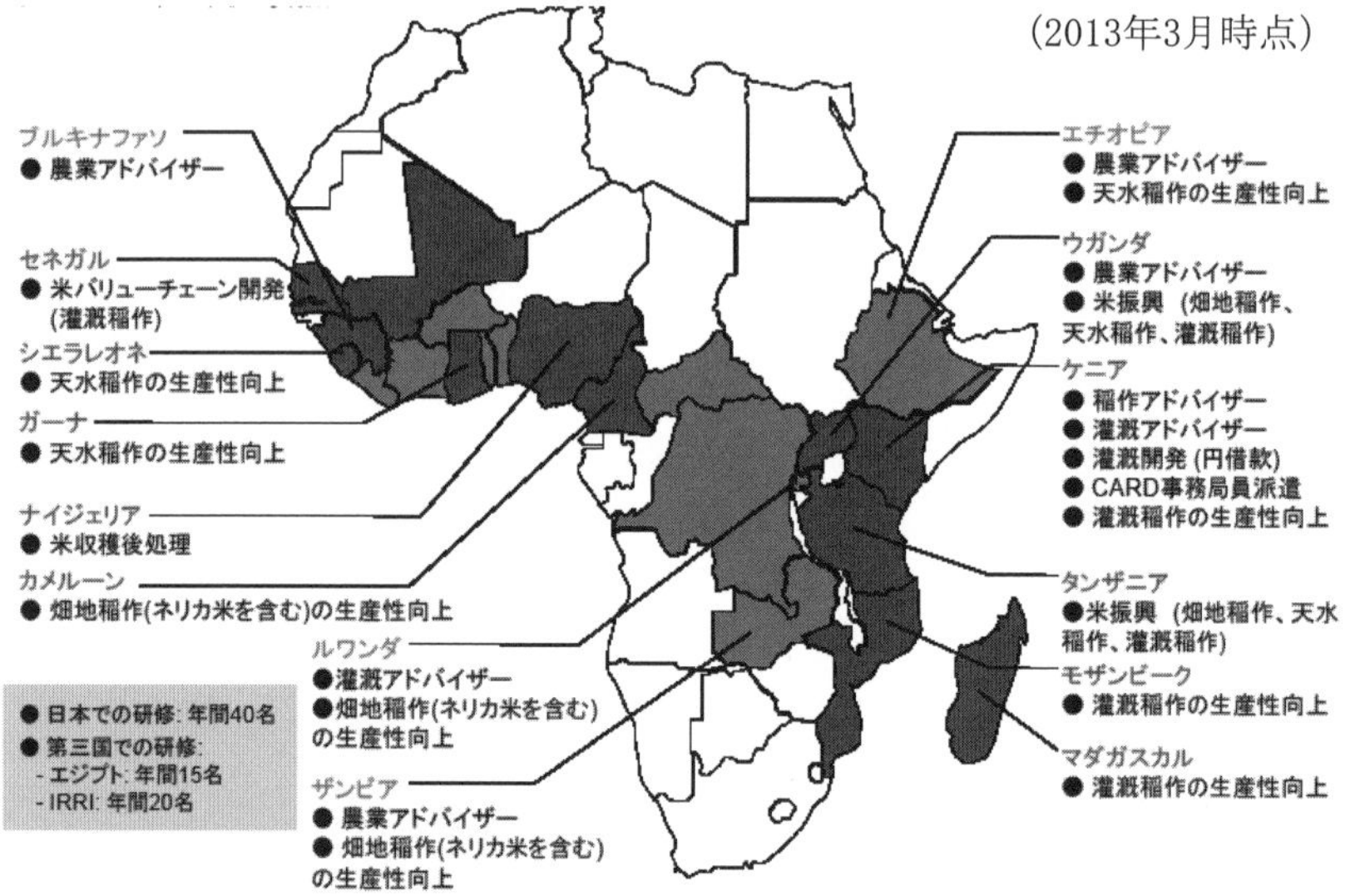

資料：外務省「我が国と世界の食料安全保障」平成25年10月

アフリカにおける稲作の栽培環境別耕作面積の割合は天水低湿地が42％と最も多く、以下、天水畑地38％、灌漑水田20％となっています（**図5－7**）。天水低湿地の面積は2億4000万haで、その約10％、面積にして2000万haが水田適地とされ、こうした地域を重点に、天水低湿地耕作開発モデルを確立し、その普及を図っていくことがCARDの重点課題に位置づけられています。こうした地域こそ、巨大ダムや大規模灌漑施設の建設などを要しない小農民自身による内発的な稲作振興に適合的だからです。

　CARDの成果については、いまだ途上であり確定されてはいませんが、西アフリカ稲作協会（WARD）の試算によれば2007（平成19）年～2012（平成24）年にかけてのアフリカの米生産量は年平均にして8・3％と消費量の伸びを上回ったとされています。

　ちなみに、第183回国会農林水産委員会（2013（平成25）年4月25日）での紙智子議員の質問に対して外務省は「CARDに参加するアフリカ23

カ国は、稲作振興のための戦略を策定し、我が国を始めとするドナー各国や国際機関の支援を得つつ、灌漑の導入拡大や、品種栽培法の改良といった取り組みを現在実施しております。その結果、米生産量は２０１１（平成23）年時点で２００８（平成20）年の１４００万ｔから２１００万ｔまで増加するなど順調に推移しておりまして、今後とも我が国ではＣＡＲＤの取り組みを積極的に推進してまいりたいというふうに思っております」と答弁しています。こうした動向からして、稲作振興に向けた投資の継続が担保されるなら、ＣＡＲＤの目的は達成されると見込まれています。

加えて２００２（平成14）年頃２万４０００haだったネリカ米[22]（**表５－６**）を２００６（平成18）年までに21万haに拡大するとした「アフリカン・ライス・イニシアティブ」については、ＣＡＲＤによりその推進が強化され、アフリカ稲センター（ＷＡＲＤＡ、新ＡＲＣ）の報告によれば２００９（平成21）年時点で70万haに達するなど、成果が拡大しつつあると報告されています。

途中経過とはいえ、以上のような実績にかんがみるに、飢餓からの脱却を目指す途上国の国際支援にはＴＩＣＡＤやＣＡＲＤのプロジェクトで試みてきたような、小農民など現地住民の内発的取り組みを動機づけ、それを助長・定着させるような支援策が期待されているといっていいでしょう。

ただ、ブラジル[23]のセラード開発をモデルにして現在計画づくりが進んでいる「日本・ブラジル・モザンビーク三角協力による熱帯サバンナ農業開発プログラム」（通称 ProSAVANA）に対しては、２０１

表５－６　ネリカ（NERICA：New Rice for Africa）の概要

NERICA：アジア稲（母親）とアフリカ稲（父親）の種間交雑種
・アフリカ稲センターにおいて'92年に種間交雑に成功。
・生育期間が90～100日と在来種より１ヶ月以上短く、収量も多い。
・我が国は'96年以降JIRCAS、JICAから研究者、専門家を派遣し、品種開発・普及を支援。
・'97年以降、我が国からアフリカ稲センターに対し財政支援を開始。
・2000年以降ネリカ品種が開発され、現在は陸稲ネリカは18品種（水稲ネリカは60品種）を育成。

資料：農林水産省等の資料により整理
JIRCASは国際農林水産業研究センター

3（平成25）年3月に現地の農民団体（UNAC）から事業の緊急停止を求める公開書簡[24]がモザンビーク共和国、ブラジルの両大統領および日本の安倍総理大臣宛に提出されるなど反対の声が高まっています。これまで農業開発事業や海外からの援助に一度も反対したことがない農業団体の行動だけに、当事国のみならず国際的にも大きな関心を集めることになりました。こうした動きに呼応して「アフリカ日本協議会」など日本のNGO組織も広く抗議行動を呼びかけています。

農民団体の公開書簡によれば、「プロサバンナ事業は、多国籍企業の参入に向けた地ならし」であり「小農の生産システムを壊し、土地なし農民を増大させ、食料安全保障を揺るがし、我々の国として独立したことの最大の成果を失ってしまうことにつながる」として強い懸念を抱いています。このため「プロサバンナ事業が巨大多国籍企業や国際金融機関が独占的に支配する生産プロセスに小農民を統合し、輸出のためのモノカルチャー生産（トウモロコシ、大豆、キャッサバ、綿花、サトウキビ等）の増大を招きかねない」として、これを拒絶すると述べています。

プロサバンナ事業が日程に上ったのは、2009（平成21）年7月のG8ラクイラ・サミットの首脳会議の際に日本・ブラジル両国首脳会談でアフリカ熱帯サバンナ農業開発の合意が交わされてからでした。モザンビーク北部の「ナカラ回廊」[25]と呼ばれる熱帯サバンナ地域には1400万haに及ぶ膨大な農業適地が存在するといわれています。この地域に三者協力で同じ熱帯サバンナ地域に属するブラジルの「セラード農業開発」方式を導入し、巨大農業開発を推進するという構想でした。JICAの資料[26]によれば「農業生産のポテンシャルが高いナカラ回廊地域の農業開発をすすめることで、地域の小農の貧困削減、食料安全保障に貢献しつつ、経済成長に貢献する農業の展開可能性を見込む」とされています。この文言からは、必ずしも現地の農民団体が懸念するような内容は読み取れません。しかも、農民団体の批判に対しては「優先は国内消費のための小農生産による食料生産であるべき」と述べ「情報伝達不

米やトウモロコシの袋に腰かける女性（ケニア）
Ⓒ FAO/Ami Vitale/FAO

足により誤解が生じている」と指摘しています。

ところが別のＪＩＣＡの資料[27]には「将来的にはナカラ回廊地域の農業分野に対して、我が国を含めた外国資本の投資も進めたいというのが、ProSAVANAのめざすところである。農業分野に対する投資については現地において農業生産事業を行うものから、地域で産出する農産物の買い付けまで、さまざまなものが想定されうる。ProSAVANAにおいては、これら投資を導きやすいように、現地法制度の整備にかかわる検討や政策提言などを検討しており、今後の重要な課題である」と、まさしく先の農業団体が懸念するような文言が盛り込まれています。

これを見るかぎり、日本の支援策がＴＩＣＡＤやＣＡＲＤのプロジェクトで試みられてきたような、小農民など現地住民の内発的取り組みを動機づけそれを助長・定着させるような内発型支援策から、食料輸出ビジネスに貢献する多国籍企業を呼び込むための開発型支援策に大きく軌道修正されたと受け止められてもいたしかたないでしょう。こうした変化を敏感に察知した農民団体が公開書簡の中で「日本はＪＩＣＡを通じて、我々の国の農業やその他のセクターの開発に貢献してきました」と評価しながらも「現在の日本政府のモザンビークに対する農業分野の協力は承認いたしません」と明確に拒絶したことも頷けます。

〈注釈〉

（1）農地争奪：２００８年の食料価格高騰を契機に、食料輸入国の企業などがアジアやアフリカなどに対する大型農業投資を活発化させている。この動きは世界中のメディアによって〝農地争奪〟という言葉で盛んに報じられた。大型農業投資は、政府が投資元となることはほとんどなく、商社など民間企業が主体となって行われている。企業は、投資先の途上国で土地所有権を取得せず、数十年の長期貸借契約を結ぶケースが多い。しかし、外国企業による大規模な農地取得が、アジアやアフリカなど途上国の貧しい農民から耕作可能な土地を奪ってしまった場合、途上国にとっては投資を受け入れるメリットがないばかりか、収穫物が現地には出回らず、食料不足などの深刻な被害さえも生じてしまう恐れがある。国連食糧農業機関（ＦＡＯ）のジャック・ディウフ事務局長は、このような被投資国にとって必ずしも利益をもたらさない一部の大型農業投資を〝新植民地主義〟と表現し、強い懸念を示した。（外務省）

（2）ミレニアム開発目標：２０００年9月、ニューヨークにおいて開催された国連ミレニアムサミットにおいて、平和と安全、開発と貧困、環境等を課題として掲げた国連ミレニアム宣言を採択した。同サミットにおいて、国連ミレニアム宣言と、１９９０年代に開催された主要な国際会議やサミットで採択された国際開発目標を統合し、①２０１５年までに1日1ドル未満で生活する人口比率を半減させる。②２０１５年までに飢餓に苦しむ人口の割合を半減させるなど、ミレニアム開発目標（MDGs: Millennium Develop- ment Goals）が取りまとめられた。（外務省）

（3）サブサハラ・アフリカ（Sub-Saharan Africa）：アフリカ（アフリカ大陸に限られず島嶼を含む）のうち、サハラ砂漠より南の地域。言い換えると、アフリカのうち北アフリカ以外。人口は、8億５６３２万７１５７人（２０１０）でアフリカ全人口の84%を占めている。主にキリスト教が信仰され、主にイスラム教が信仰される北アフリカと対照的である。若干のイスラム教や、アニミズムなどの伝統宗教も信仰される。（Wikipedia）

（4）政府開発援助（ＯＤＡ）：ＯＥＣＤ（経済協力開発機構）の委員会が作成する援助受取国・地域のリストに掲載された開発途上国・地域への無償資金協力、技術協力、有償資金協力などである。（ＯＤＡ白書）

（5）社会インフラ：生活の基盤となるインフラストラクチャー（構造物）のことで、例えば、道路、学校、病院、公園など社会生活にとってなくてはならない基本的な建造物や施設のことをいう。

（6）世界開発報告：世界銀行が１９７８年から毎年刊行している報告書で、経済、社会、環境、農業など毎年異なるテーマでまとめられている。

（7）アフリカ開発会議（Tokyo International Conference on African Development, TICAD）：アフリカの開発をテーマとする国際会議で、１９９３年以降、日本政府が主導し、国連、国連開発計画（ＵＮＤＰ）、アフリカ連合委員会（ＡＵＣ）及び世界銀行と共同で開催している。5年に1回の首脳級会合に加えて、閣僚級会合等を開催しており、２０１３年6月には、横浜において5回目となるＴＩＣＡＤ Ⅵ（第五回アフリカ開発会議）が開催された。（外務省）

（8）国際協力機構（Japan International Cooperation Agency, JICA）：技術協力プロジェクト、研修員受け入れ、開発調査といった日本の政府開発援助の様々な活動を実施する機関である。独立行政法人改革に伴い、国際協力銀行と統合し、円借款や無償資金協力に関する業務も実施している。この改革により、ＪＩＣＡは世界でも有数の二国間援助機関となり、技術協力、円借款、無償資金協力を一貫して実施することが可能となった。（ＪＩＣＡ「アフリカ稲作振興のための共同体」２００８年）

（9）アフリカ緑の革命のための同盟（Alliance for a Green Revolution in Africa, AGRA）：生産性と収益性の向上により、数百万の小規模農家とその家族が自助努力により貧困と飢餓から立ち上がることを支援するために、大陸全体で活動するダイナミックなパートナーシップである。ＡＧＲＡは種子、土壌保全、水管理、マーケット、農業教育、政策に至る農業バリューチェーン全体の環境的に持続可能な改善に焦点を当て、アフリカの小規模農家を支援している。ＡＧＲＡの本部はケニアのナイロビに所在する。（ＪＩＣＡ「アフリカ稲作振興のための共同体」２００８年）

（10）ロックフェラー財団：１９１３年Ｊ・Ｄ・ロックフェラーによって設立されたアメリカの多目的財団。近年におけるおもな助成活動として、食糧問題を研究する団体への援助、アジア、アフリカ、ラテン・アメリカ地域の食糧問題で悩む国々の研究活動を助成する〈飢餓の克服〉プログラム、などを行っている。（https://kotobank.jp/ 世界大百科事典第2版）

（11）ビル＆メリンダ・ゲイツ財団：マイクロソフト会長のビル・ゲイツと妻メリンダによって２０００年創設された世界最大の慈善基金団体である。２０００年に創設以来、「全ての生命の価値は等しい」との信念のもと、ゲイツ財団は全ての人々が健康で豊かな生活を送るための支援を実施している。例えば、国際開発プログラムでは、途上国の人々が飢餓と貧困を克服する機会を与えることを目的として、農業開発、貧困層への金融サービス、水・衛生整備支援などをパートナー機関と共に実施している。（Wikipedia）

（12）緑の革命：穀物の多収穫品種を育成し、灌漑（かんがい）、肥料、農薬、農業機械などの技術革新で発展途上国の伝統的農法を脱し、急激な食糧増産がはかられたことをいう。米国のロックフェラー、フォード両財団の援助で、１９６２年マニラ郊外に国際稲作研究所（ＩＲＲＩ）、１９６３年メキシコに国際トウモロコシ・コムギ改良センターが開設、それぞれ画期的な多収性短稈の稲と小麦の品種を育成し、インド、パキスタンなどの熱帯アジアやメキシコなどに急速に普及。

ＦＡＯによると、アジアの穀類生産量は１９６０年からの40年間で3倍に増え、69年にアジアの途上国で人口の42％を占めていた栄養失調比率は00年に16％まで低下。メキシコで小麦の「革命」を実現した米国のノーマン・ボーローグ博士は、70年にノーベル平和賞を受けた。（https://kotobank.jp/ 百科事典、マイペディア等）

（13）コフィ・アナン：第7代国際連合事務総長（１９９７年1月から２００６年12月）１９９７年1月1日、国連職員から選出された最初の事務総長として就任する。２００１年には国際連合とともにノーベル平和賞を受賞した。（Wikipedia）

(14) 西アフリカ稲作協会（ＷＡＲＤＡ）：独立した政府間・汎アフリカの開発研究機関であり、耕作環境の持続的利用可能性を確保しつつ、稲作の生産性の向上を目的とした研究、開発、連携活動を実施し、アフリカの貧困削減と食料安全保障に貢献している。ＷＡＲＤＡは、国際農業研究協議グループ（Consultative Group on International Agricultural Research, CGIAR）に支援される15の国際農業研究機関の一つである。アフリカ稲センター（ＡＲＣ）の旧名（ＪＩＣＡ「アフリカ稲作振興のための共同体」２００８年）

(15) アフリカ農業研究フォーラム（Forum for Agricultural Research in Africa, FARA）：ＮＥＰＡＤの技術的側面を担っており、アフリカ連合（ＡＵ）の全面的支援を受けている。アフリカにおける貧困削減を目指して、特に小規模農家と牧畜農家の持続的かつ包括的農業開発と生活の改善に取り組んでいる。

ＦＡＲＡの使命は、アフリカ各地の組織に対して農業技術改革の能力強化支援を通じて、農業生産性、競争力や市場の包括的改善を行うことである。このため、ＦＡＲＡは①政策提言と資源確保、②知識や技術へのアクセス、③地域政策及び市場、④能力強化、⑤パートナーシップと戦略的提携という5つのネットワーク支援機能を有している。

また、ＦＡＲＡは世界銀行、アフリカ開発銀行、ロックフェラー財団、カナダ国際開発局（ＣＩＤＡ）、米国際開発庁、欧州連合、ＤＦＩＤ等多くのマルチ（国際機関を通した援助）・バイ（国間援助）・ドナー（国際援助における資金提供国）と密接に協力している。プログラムとしては、サブサハラアフリカチャレンジプログラム（ＳＳＡＣＰ）、アフリカ農業研究・開発能力強化（ＳＣＡＲＤＡ）、地域農業情報学習システム（ＲＡＩＬＳ）等がある。（ＪＩＣＡ「アフリカ稲作振興のための共同体」２００８年）

(16) 国際農林水産業研究センター（Japan International Research Center for Agricultural Sciences, JIRCAS）：農林水産省所管の独立行政法人で、開発途上地域における農林水産業の研究を包括的に行う日本で唯一の研究機関である。アフリカを含む開発途上地域の技術の向上のため、ＪＩＣＡ等の日本国内の関係機関と連携しつつ、開発途上地域の国立研究機関、大学、国際研究機関等との広範な共同研究を実施している。国際稲研究所及びアフリカ稲センター（ＷＡＲＤＡ）を傘下にもつ国際農業研究協議グループの日本における拠点研究機関となっている。（ＪＩＣＡ「アフリカ稲作振興のための共同体」２００８年）

(17) アフリカ稲センター（Africa Rice Center, ARC）：イネの品種開発・普及を行うアフリカの国際研究機関。その研究を通して、アフリカの貧困の緩和と食料安全保障の貢献を行うことを目的として、設立された。ＷＡＲＤＡは、旧名である西アフリカ稲開発協会（West Africa Rice Development Association）の略称である。

１９７０年に、国際連合開発計画（ＵＮＤＰ）、国際連合食糧農業機関（ＦＡＯ）とアフリカ経済委員会（ＥＣＡ）の主導の下に、西アフリカの11ヶ国による自主的な共同施設として設立された。１９８６年に国際農業研究協議グループ（ＣＧＩＡＲ）の傘下に入った。２００３年９月からは対象地域をサブサハラ・アフリカ（サハラ砂漠以南）全域に広げ、「アフリカ稲センター」と改称した。ネリカ米の育成や、その普及に関しての農民参加型手法（PVS, Farmer's participatory varietal selection）活動を行っている。

（Wikipedia)

（18）アフリカ開発のための新パートナーシップ（The New Partnership for Africa's Development, NEPAD)：アフリカの社会経済開発を目指す包括的ビジョンと戦略枠組みであり、アフリカ独自の行動計画・プログラムに基づいた自らの開発を目指して、アフリカの人々そして世界と連携するというアフリカの指導者による公約である。

第37回アフリカ統一機構首脳会談にて正式に採択され（２００１年7月)、①貧困を根絶する、②個別、集団としてアフリカ諸国を持続可能な成長と発展に向ける、③グローバル化の中でアフリカの疎外化を阻止し、世界経済への完全かつ有益な統合を目指す、④女性のエンパワーメントを促進することを主な目的とする。運営委員会は20のＡＵ加盟国で構成され、各種プロジェクトやプログラム開発の監督を行っている。（ＪＩＣＡ「アフリカ稲作振興のための共同体」２００８年）

（19）国際稲研究所（International Rice Research Institute, IRRI)：国際農業研究協議グループに支援される、非営利の独立した組織であり、稲作関連の研究と研修に従事している。フィリピンに本部を置く、アジアで最も古く大きい国際農業研究機関であり、アジアとアフリカの14カ国にスタッフが常駐している。

その使命は、貧困と飢餓の削減、稲作農家と消費者の健康の改善、そしてコメ生産を環境的に持続可能とすることである。国の研究機関と普及システム、農村コミュニティー、そして国際、地域、国レベルの様々な機関との連携により、ＩＲＲＩは研究を実施すると同時に、稲作関連の情報と立証された持続可能な技術を普及することにより、稲作農家を支援する人々に対して、研修と教育の機会を提供している。（ＪＩＣＡ「アフリカ稲作振興のための共同体」２００８年）

（20）国際農業開発基金（International Fund for Agricultural Development, IFAD)：１９７７年に設立され、開発途上国の農村地帯の貧困を撲滅することに専念する。１６５の加盟国から資源を動員し、世界の最貧社会の貧困削減計画やプロジェクトに対する融資として、低利子の貸付けや無償資金を中所得、低所得国に提供している。債務を持続できない貧しい国に対しては貸付けの代わりに無償資金を供与する。これは、基本的な財政援助が、それをもっとも必要としている国々を不当な財政的苦境に追いやるようなことがなくするためである。

ＩＦＡＤは、その設立以来、政府や他の国連機関、国際金融機関、研究所、民間部門とのパートナーシップの下に活動してきた。また、農民団体や非政府組織など、国内のパートナーとも強力な関係を築いている。ＩＦＡＤの活動は、政府からの任意の拠出金、特別拠出金、貸付けの返済、投資収益などによってまかなわれる。１９７８年以来、ＩＦＡＤは、貧しい農村の３億５０００万人以上を対象にした８００件以上のプロジェクトや事業計画に対して１１５億ドルを投資してきた。

プロジェクト参加者を含め、受益国の政府や他の金融機関は１０１億ドルを拠出し、多国間、2国間、その他の援助国は協調融資として別に８２億ドルを拠出した。ＩＦＡＤの管理理事会は１６５全加盟国で構成される。執行理事会は、18カ国の理事国と18人の代理理事国とで構成され、ＩＦＡＤの日常の業務を監督し、また貸付けや無償資金を承

認する。（国連広報センター）

(21) アフリカ開発銀行（African Development Bank, AfDB）：アフリカの諸国の経済的開発及び社会的進歩に寄与するため、１９６４年９月に設立された。１９７３年６月には、最貧国を重点的に支援するため、アフリカ開発基金（ＡｆＤＦ）が設立された。ＡｆＤＢとＡｆＤＦをあわせアフリカ開発銀行グループと呼ぶ。アフリカ開発銀行グループは、未だ多くの困難を抱えるアフリカ諸国の開発ニーズに応えるため、アフリカを代表する地域密着型の国際開発金融機関（ＭＤＢｓ）としてアフリカ諸国のニーズを細やかに汲み取りつつ、自らの専門性を生かした業務を行っている。（財務省）

(22) ネリカ米（New Rice for Africa, NERICA）：アフリカの食料事情を改善することを目的に開発されたイネ品種の総称。アジアイネ（Oryza sativa）を母親として、アフリカイネ（Oryza glaberrima）の花粉を掛け合わせた種間雑種から育成された。アジアイネの高収量性と、アフリカイネの耐乾燥性・耐病虫性などを併せ持つ。（Wikipedia）

(23) セラード農業開発：米国の大豆輸出停止のあと、１９７４（昭和49）年の田中総理とガイゼル大統領との共同声明を契機に日伯両国官民連携の国家プロジェクトとして実施された。作物栽培に不適とされていた熱帯サバンナ地帯のセラード地域で農業開発の草分け的役割を果たした事業だといわれている。2億haに及ぶセラード地域で日本の総面積の４割に相当する１４５０万haも耕地開発が行われたことにより、セラード地域の穀物生産量は大幅に増大した。この結果、ブラジルは米国に並ぶ大豆輸出国に成長するとともに、穀物をはじめ青果物、畜産、熱帯作物関連分野の多様なアグリビジネスの進展が世界から注目されるようになった。（外務省）

(24) 公開書簡については、特定非営利法人「アフリカ日本協議会」が掲載している「プロサバンナ事業の緊急停止を求める公開書簡」による。（http://www.ajf.gr.jp/）

(25) ナカラ回廊：インド洋に面するモザンビーク北部のナカラ港を玄関口とし、モザンビーク北部と、マラウイ、ザンビアといった近隣の内陸国を結ぶ地域の大動脈で、モザンビークが有する豊富な鉱物・エネルギー資源の輸送路としても、また、農業開発が進めばその潜在的な可能性が大きい農産品の輸送ルートとしても重要視されている。日本は、ナカラ回廊開発の推進のため、回廊と周辺地域を結ぶ道路・橋梁改修やナカラ港の整備、電力等のインフラ整備を支援するとともに、農業開発、教育、給水支援などにも積極的に取り組み、包括的な回廊開発支援を行っている。これらを総合して「ナカラ回廊開発・整備プログラム」という。（外務省）

(26) 以下の引用文は、ＪＩＣＡアフリカ部／農村開発部「日本・ブラジル・モザンビーク三角協力によるモザンビーク熱帯サバンナ事業開発プログラム（ProSAVANA-JBM）による。

(27) 以下の引用文は、独立行政法人国際協力機構（ＪＩＣＡ）農村開発部乾燥畑作地帯主任調査役大嶋健介「日本・ブラジル・モザンビーク三角協力による農業開発プログラム―ProSAVANAの三つの視点」による。

第6章

見直したい WTO日本提案

農業の歴史性と地域性

近年、環太平洋経済連携協定（ＴＰＰ）交渉への参加の是非をめぐって国論を二分する議論が展開されてきました。こうした中、２０１３（平成25）年2月22日に我が国の安倍首相とアメリカのオバマ大統領との会談が行われ、ＴＰＰに関しては共同声明で「聖域なき関税撤廃が前提でない」ことが明確になったとして、交渉参加に向けて大きく舵が切られました。

ＴＰＰの目指すところは、貿易や投資の障害になる関税や規制を完全に撤廃し、モノ・カネ・サービスなどが自由に行き交う経済圏をつくることにあるといわれていました。それが、交渉過程で日米両国ともに関税撤廃の例外もありうるなど、紆余曲折もあったようです。

ただ、２０１５（平成27）年10月に公表されたＴＰＰ大筋合意を見ると、農林水産物は関税区分の細目（タリフライン）[1]で２３２８品目ありますが、そのうち81％に相当する１８８５品目の関税を最終的に撤廃することになりました。過去に日本が締結した経済連携協定（ＥＰＡ）で一度も関税を撤廃したことのない８３４品目についても、関税撤廃の対象が３９５品目、47・4％と半数近くに及んでいます**（表6－1）**。

国内農業に対する影響が大きい重要5品目も例外ではありません。２０１３年4月19日の農林水産委員会では「環太平洋パートナーシップ（ＴＰＰ）協定交渉参加の件」が会議に付され、その中で「米、麦、牛肉・豚肉、乳製品、甘味資源作物などの農林水産物の重要品目ついて、引き続き再生産可能となるよう除外又は再協議の対象とすること」、「10年を超える期間をかけた段階的な関税撤廃を含め認めないこと」、「農林水産分野の重要5品目などの聖域の確保を最優先し、それが確保できないと判断した場合は、脱退も辞さないものとすること」などが決議[2]されました。

大筋合意を見るかぎり国会決議が守られたとはい

表6－1　TPPにおける農林水産物の関税の取り扱い

	総タリフライン品目数	関税を撤廃するタリフライン品目数	関税撤廃率
全品目	9,018	8,575	95.1%
うち農林水産物	2,328	1,885	81.0%
うち関税撤廃したことがないもの	834	395	47.4%
うち重要5品目（米、麦、甘味資源作物、乳製品、牛肉、豚肉）	586	174	29.7%
うち重要5品目以外（特産畑作物、果樹、野菜、鶏肉、林産物、水産物等）	248	221	89.1%
うち関税撤廃したことがあるもの	1,494	1,490	99.7%

	即時撤廃	2～11年目まで	12年目以降	非撤廃
関税撤廃までの期間別 2328タリフライン品目に対する割合 (　)内は11ヵ国平均	51.3% (84.5%)	27.5% (12.3%)	2.2% (1.7%)	19.0% (1.5%)

資料：内閣官房TPP政府対策本部

表6－2　重要品目の合意内容

米	・現行の国家貿易制度、枠外税率(341円/kg)を維持。 ・米国、豪州にSBS方式の国別枠を設定。 米国：5万t(当初3年維持)→7万t(13年目以降) 豪州：0.6万t(当初3年維持)→0.84万t(13年目以降)	豚肉	・差額関税制度、分岐点価格(524円/kg)を維持。 ・従価税(現行4.3%)：2.2%(当初)→0%(10年目以降) ・従量税(現行482円/kg)：125円/kg(当初)→50円/kg(10年目以降) ・セーフガード：輸入急増に対し一定の基準で発動
麦	・現行の国家貿易制度、枠外税率(小麦kg当たり55円、大麦39円)を維持。 ・国別枠、TPP枠を新設(小麦計19.2万t(当初)→25.3万t(7年目以降)、大麦2.5万t(当初)→6.5万t(9年目以降)・SBS方式)。 ・マークアップ(政府が輸入する際に徴収している差益)を9年目までに45%削減し、新設する国別枠内のマークアップも同じ水準に設定。	乳製品	・脱脂粉乳・バター：現行の国家貿易制度を維持、枠外税率(脱脂粉乳21.3%+396円/kg等、バター29.8%+985円/kg等)を維持。 ・TPP枠を設定 ・ホエイ：脱脂粉乳と競合する可能性が高いものについて、21年目までの長期の関税撤廃期間の設定とセーフガードの措置。 ・チーズ：一部のチーズについて関税撤廃や無税枠を設置。
牛肉	・関税撤廃を回避し、セーフガード付きで関税を削減。 ・38.5%(現行)→27.5%(当初)→20%(10年目)→9%(16年目以降) ・一定の基準でセーフガードを発動	甘味資源物	・砂糖：粗糖・精製糖等については、現行の糖価調整制度を維持、一部について無税やTPP枠を設置。 ・でん粉：現行の糖価調整制度を維持した上で、TPP枠を設置。

資料：農林水産省

い難い内容になっています。例えば、米は1kg当たり341円の関税こそ維持するものの、米国とオーストラリアに対して最大7・84万tの無関税の輸入枠（脚注2）を新設[3]しました。牛肉は現在38・5％の関税を16年目に9％まで引き下げます。豚肉も安価な部位の1kg482円の差額関税を10年後に50円に引き下げるほか、高級部位に対する従価税（課税物件の価格を基準にして税率が定められている租税）4・3％を撤廃[4]します。麦、乳製品、甘

カマンベールチーズなどの乳製品も農林水産物の重要品目（岡山県吉備中央町）

麦は大部分を輸入に依存。小麦の自給率は2013年で約12%と低い（山梨県北杜市）

味資源作物なども、国別輸入枠の新設、マークアップ（売買差益）の削減、一部品目の関税撤廃などを実施します。重要５品目もタリフライン５８６品目で見ると１７４品目、２９・７％と３割近くの関税を撤廃します**（表６－２）**。

「聖域確保を最優先すること」、「除外又は再協議の対象とすること」、「段階的な関税撤廃も認めないこと」等々の国会決議は交渉過程で骨抜きにされ、我が国もまた高水準の貿易自由化を目標とするＴＰＰの基本精神を遵守する形で過去最大規模の農産物市場開放に踏み切ることになりました。協定発効７年後の再協議[5]では、国会決議に込められたであろう行き過ぎた市場開放の抑制よりも、一層の関税やセーフガードの削減・引き下げ・撤廃・繰り上げ等々を迫られそうだと、早くもマスコミ各紙が報じています。今後は、寝耳に水の合意内容も多いことから曲折も予想されますが、より包括的な[6]アジア太平洋自由貿易圏（ＦＴＡＡＰ）構想の実現を見据えながら関係各国それぞれに議会の承認を取り付け、２０１７（平成29）年にも発効にこぎつけるのではないか

図6－1　アジア太平洋地域の経済連携

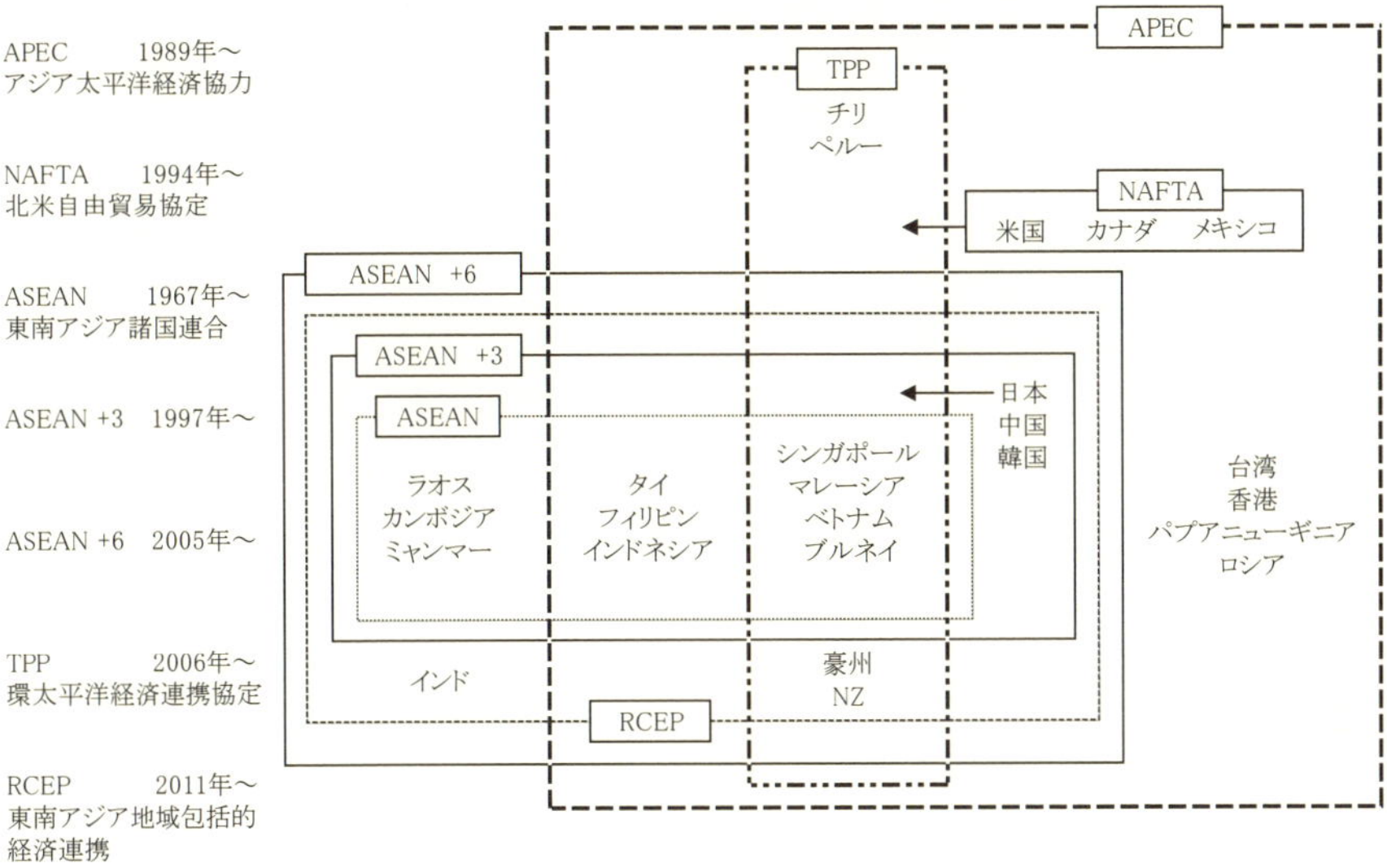

資料：外務省

といわれています。

アジア太平洋地域にはTPP以外にも、東南アジア諸国連合（ASEAN）、アジア太平洋経済協力（APEC）、北米自由貿易協定（NAFTA）、ASEAN＋3、ASEAN＋6など多くの経済連携協定や連携構想があります（**図6－1**）。2011（平成23）年末頃からは、日本・韓国・中国・オーストラリア・ニュージーランド・インドなどASEAN＋6の16カ国で[7]東アジア地域包括的経済連携（RCEP）という新たな構想が取りざたされるようになりました。一連の経済連携協定や構想には単なる経済連携にとどまらないアジア太平洋地域をめぐる各国の政治的な思惑が複雑に絡んでいるともいわれています。

この他、2国間で[8]自由貿易協定（FTA）、[9]経済連携協定（EPA）を締結する動きが急速に拡大し、我が国でも2012（平成24）年末現在、締結済み協定13、交渉段階の協定5と増える傾向にあります。こうした動きが強まるのは、本来自由貿易のルールづくりを担うはずのW[10]TO（世界貿易機関）

交渉が膠着《こうちゃく》状態に陥ったからに他なりません。

だからといって特定の国や地域どうしが排他的な貿易ルールをつくり、囲い込むのは、最恵国待遇[11]の例外扱いとされているものの、明らかにその主旨にはそぐわないといっていいでしょう。例えば、我が国がＦＴＡを締結したＡ国から輸入する製品の関税を撤廃し、協定国以外から輸入する同じ製品に関税を課すといった差別的行為が行われることになるからです。

第二次世界大戦後、１９４７（昭和22）年に関税と貿易に関する一般協定[12]（ＧＡＴＴ）が締結され、１９９５（平成７）年にはＧＡＴＴを拡大・発展させ正式な国際機関として世界貿易機関（ＷＴＯ）が設立されました。その背景には、イギリスをはじめ特定の国や地域が排他的な経済ブロックを形成する過程で対立関係が強まり、やがて第二次世界大戦の引き金になったとの反省があったからだといわれています。

ところが、２００１（平成13）年のドーハ閣僚会議を皮切りに始まったＷＴＯ交渉は、２０１３（平成25）年に至るも最終合意を見ないまま迷走を続けています。その主な理由は、今や１５３にも増大した加盟国の大半を占める途上国が、先進国の推進する自由貿易一辺倒のシナリオは途上国に犠牲を強いる強者の論理でしかないことを見抜き、反旗を翻すようになったからです。

ＷＴＯ交渉の膠着状態を打開するためには、途上国の不利な競争条件を是正するための例外措置を認め、それにより公平な貿易ルールを確立していくことが不可欠となるでしょう。都合のいい国や地域だけの自由貿易協定は、多くの途上国を排除しながら歴史の歯車をブロック経済の時代へと逆戻りさせないとも限りません。

途上国への配慮という意味でいえば、我が国の「ＷＴＯ農業交渉日本提案」（以下「日本提案」という）には、見直すに値する興味深い内容が盛り込まれています。先進国日本の周辺領域に追いやられた農業・農村は、自由貿易一辺倒に馴染まない途上国と似たような環境に置かれているからでしょう。２０００（平成12）年12月付で公表された「日本提案」の文言を引きながら、その主な内容について紹介してみたいと思います。

込められた共存の哲学

「日本提案」はその前文で「多様な農業の共存」を強く訴えています。「農業は、各国の社会の基盤となり、社会にとって様々な有益な機能を提供するものであり、各国にとって自然的条件、歴史的背景等が異なるなかで、多様性と共存が確保され続けなければならない」という認識が根底にあるからでしょう。このため、貿易ルールを構築するにあたっては、自由貿易一辺倒というよりも「生産条件の相違を克服することの必要性を互いに認め合うことこそ重要である」と述べています。

「共存の哲学」に基づく具体的な提案として指摘しているのは、①農業の多面的機能への配慮、②各国の社会の基盤となる食料安全保障の確保、③農産物輸出国と輸入国に適用されるルールの不均衡の是正、④開発途上国への配慮、⑤消費者・市民社会の関心への配慮といった5項目です。その理由についても、つぎのようなやや踏み込んだ記述が見られます。

例えば「[13]UR合意以降の世界の農業・農政の状況を見てみると、農業自体はもとより農業の公益性・公共性が市場の機能のみでは律しきれないことへの配慮がより一層重要であることが明らかになってきている」と指摘しています。また「世界の農産物貿易が全体として増加するなかで、恩恵を受けているのは一部の国に過ぎない」とも述べています。この結果、「先進国においては、生産が拡大し、過剰の問題を引き起こしており、開発途上国においては、食料の不足は拡大するなど、食料安全保障の面においても、その状況は一段と厳しさを増してきている」と指摘しています。

こうした現実が否定しえないものである以上、「[14]非貿易的関心事項を配慮するという農業協定の規定に従って交渉を行う。その際に、協定実施後に生じた各国の食料政策・農業政策上の困難が解決され、多様な農業が共存し得るようなバランスのとれたものとする」という我が国の提案は、しごくもっともなことだと思われてなりません。

ですから「日本提案」の主旨からすれば、「関税水準は、改革過程が継続中であることを認識し、各国の生産・消費の実情、国際需給等を踏まえた品目毎の柔軟性を確保して適切に設定する」、「ミニマムアクセス数量（米を関税化しない代わりにその代償として課される最低輸入義務量）は、農業の多面的機能の発揮や食料安全保障の確保等に配慮し、各国の農業の現状や構造改革の進展を踏まえたものとする」、「季節性があり、腐敗しやすい等の特性を持った農産物については、輸入急増等の事態に機動的、効果的に発動できる特別の発動基準を設け、運用の透明性を高める」、「UR合意による関税化品目については、農業の多面的機能や食料安全保障に特に意識的に配慮した上で関税率を設定する」、「関税割当は、長期目標に向けた改革過程が継続中であることを認識しつつ、その具体的な制度・運用は各国の実情に応じた方法を採用する」、「品目毎の特性や流通実態を十分に踏まえた個別具体的な対応が必要であり、これを無視した画一的な運用ルールは不適切である」などといった一連の指摘も首尾一貫しています。

ただ、自由貿易一辺倒と袂《たもと》を分かち「共存の哲学」を実践の舞台に適用する作業は一筋縄ではいきません。WTO農業交渉が当初の予想以上に長引いているのも、「共存の哲学」を反映する新時代の貿易ルールを策定し、合意するまでに至っていないからでしょう。

多面的機能の重要性

農業の多面的機能の内容は、第3章で検討した農業の「環境サービス」と重なりますから、ここでは繰り返しません。「日本提案」がいうように「農業は、貿易の対象となる農産物のみを生産しているわけではなく、その持続的な生産活動により、市場を持たず、価格に反映することのできない多面的で公

トウモロコシの大規模な密植栽培（アメリカ・カリフォルニア州）

益的な価値を生産」しています。

多面的機能の価値は、「地形、気候、歴史的経緯等により国によって多様な形で発現」され、その価値は「（ｉ）農業生産活動と密接不可分に創り出される（結合生産）、（ⅱ）対価を支払わずに享受することを排除できない（公共財）、（ⅲ）農産物市場における価格形成に反映することが困難な（外部経済）」という共通の性格を有することが、ＯＥＣＤ（経済協力開発機構）諸国でも広く認識されるようになりました。

　持続的農業が営まれることにより発揮される価値である以上、これを貿易によって取得することはできません。このため「日本提案」では「多面的機能の発揮を図るためには、何らかの政策的介入を行うことが不可欠である」と述べています。市場経済にゆだねることで、手をこまねいたまま農業の存続が危ぶまれるような事態になれば、多面的機能もまた失われてしまうからです。

　ただ、ＷＴＯ協定上、農業政策は[15]貿易歪曲的でないことが義務づけられています。これに対して「日本提案」では、「非貿易歪曲性に関する概念整理のための努力が行われていないことは憂慮すべき事態である」と苦言を呈しています。貿易歪曲性が我国はもとより、各国の農業政策手法や農業補助金を一方的に規制する傾向が強まっているからでしょう。その上で「貿易交渉において最も重要であり、かつ最も困難となるのは、貿易歪曲的であってはならないということと各国の様々な農業が共存するという理想の調和点を探り出すことである」と力説しています。

「日本提案」がいうように「貿易ルールや施策のありかたを検討することにより、この調和点を探し出すことが可能になる」とすれば、自由貿易一辺倒を振りかざす前に、今からでもその作業をいとうわけにはいかないでしょう。つぎに見る食料安全保障についても、同様の主旨のことが述べられています。

国民の生存権と食料安全保障

「日本提案」で注目に値するのは、食料安全保障を[16]憲法上の社会権である生存権と絡めながらその重要性を訴えていることです。例えば「生命と健康な生活の基礎である食料の安定供給を確保していくことは国民に対する国の基本的な責務であり、国民の生存権に係わる重要な問題である」と指摘しています。

さらに、農産物の輸出国には輸出する自由や輸出しない自由があるのに対して、輸入国にはこのような自由が認められていません。このため、現実がそのとおりかどうかは別として、「世界最大の食料純輸入国である我が国の消費者にとっても食料安全保障は最大の関心事項の一つである」と述べています。

世界の食料需給は楽観視できるような状況にありません。「日本提案」が指摘するように「輸出国が特定の国・地域へ集中していること、異常気象の影響を受けやすいこと等の農産物の特殊性等から、そもそも不安定な側面が強い」からです。加えて「今[17]後の世界の食料需給は、エルニーニョ現象等の異常

市場へ入荷したカリフォルニア産グリーンアスパラガス

気象により短期的な不安定性が増大するとともに、開発途上国を中心とした人口の大幅な増加や経済成長に伴う飼料用穀物需要の増大等により中長期的にはひっ迫する可能性がある」と、強い警告を発しています。2015（平成27）年までに栄養不足人口を半減しようとする世界食糧サミットにおける達成目標が破綻をきたす中、「食料安全保障は開発途上国にとって最優先の政策課題である」という「日本提案」の指摘は、ますます重要度を増しています。

以上のような状況認識を踏まえ、「日本提案」では食料安全保障の観点から「セーフティネット政策の発動要件等の緩和」[18]、「農業保護水準（AMS）を農業生産額に対する割合だけで評価する不合理な適用の是正」、「安全性確保を第一義とする貿易ルールの検討」、「輸入品、国産品を問わず適切な表示による情報提供」などが可能となる新たな協定構築を訴えています。

農産物貿易自由化交渉に臨むにあたり、基本的に「国民への食料安定供給・安全性確保に支障がある貿易ルールは容認しない」という我が国の姿勢は、つぎに見る「途上国への配慮提案」と併せて多くの途上各国からも賛同が得られるに違いありません。

途上国配慮への提案

食料の安定供給の確保が最優先の課題であるという認識に基づき、「日本提案」では「今次農業交渉は、飢餓・栄養不足等の問題を抱える開発途上国への援助も含め、各国が世界的な食料安全保障の確保の重要性を十分に認識した上で、……交渉を進めていくことが必要である」と述べています。ですから、各国の置かれた事情に配慮しないまま単に「一定量のアクセス（輸入）機会の提供を義務付けるシステムは、……非現実的であるばかりでなく、途上国の食料調達に困難を生じさせるおそれもある」として退けています。

さらに、これまで先進国から供給される補助金付きの安価な農産物輸入は、しばしば途上国農業に破壊的な作用を及ぼしてきました。我が国の農業が受けた影響もまた似たようなものでした。このため「日本提案」では、「開発途上国の関心のある品目・市場に対する輸出補助金の規律を強化する」と訴えています。

このように、途上国への配慮はそのまま我が国への配慮と読み替えてもさほど違和感がありません。「国際的な貿易構造や各国における多面的機能、食料安全保障等に配慮した適切で柔軟な（貿易ルール……引用者）の設定を可能にすべき」との主張は、途上国のみならず我が国にとっても必要なことだからです。

だとすれば、WTO農業交渉にあたり我が国の連携すべき相手は、欧米先進諸国というよりむしろ多くの途上国であるといっていいでしょう。「日本提案」でも「我が国はこれまでの開発途上国との対話を踏まえ、自助努力による問題解決ができるよう、貿易ルールへの配慮及び食料安全保障のための支援スキーム（枠組み…引用者）を強化していくこととする」と述べています。やや遅きに失した感があるとはいえ、農業の置かれた状況が似通っている我が

収穫期のトウモロコシ農家（2015年、セルビア）
© FAO/Oliver Bunic/FAO

国と多くの途上国は、単なる先進国目線での「支援スキーム」にとどまらず、これまで手薄だった「連携スキーム」をいかに強化していくかが問われています。

ただ、「日本提案」の内容が、危機に瀕する我が国の農業改革を放置したまま、一時的な農業保護の隠れ蓑として利用されるようだと本末転倒の誹《そし》りを免れないでしょう。「農業の持続性」確保を可能にする改革の推進力として活用しなければ「多様な共存の哲学」の要《かなめ》をなす「多面的機能への配慮」にしろ「食料安全保障の確保」にしろ、早晩空洞化を余儀なくされてしまうからです。

我が国の農業改革については、このあと農業政策の取り組みを紹介しながら章を改めて検討してみたいと思います。

〈注釈〉

（１）タリフライン：タリフ（tariff）とは関税・税率といった意味の英語であり、タリフラインとは関税区分の細目のことである。我が国のタリフラインは９０１８品目、そのうち農林水産物は２３２８品目。米でいえば精米、玄米、もみ、米粉、もち、団子などタリフラインは58品目に分かれている。このほか、重要品目のタリフライン数は、小麦・大麦１０９、牛肉51、豚肉49、乳製品１８８、砂糖81、でん粉50など合計で５８６種類に区分されている。（農林水産省）

（２）第１８３回国会農林水産委員会（２０１３年４月19日）では、「環太平洋パートナーシップ（ＴＰＰ）協定交渉参加に関する件」が決議された。それによれば、「そもそも、ＴＰＰは原則として関税を全て撤廃することとされており、我が国の農林水産業や農山漁村に深刻な打撃を与え、食料自給率の低下や地域経済・社会の崩壊を招くとともに、景観を保ち、国土を保全する多面的機能も維持できなくなるおそれがある。また、TPPにより食の安全・安心が脅かされるなど国民生活にも大きな影響を与えることが懸念される」として、8項目の事項の実現を強く求めている。

論議を呼びそうな項目をいくつか紹介しておくと、「米、麦、牛肉・豚肉、乳製品、甘味資源作物などの農林水産物の重要品目について、引き続き再生産可能となるよう除外又は再協議の対象とすること。十年を超える期間をかけた段階的な関税撤廃も含め認めないこと」、「残留農薬・食品添加物の基準、遺伝子組換え食品の表示義務、遺伝子組換え種子の規制、輸入原材料の原産地表示、BSEに係る牛肉の輸入措置等において、食の安全・安心及び食料の安定生産を損なわないこと」、「濫訴防止策等を含まない、国の主権を損なうようなISD（投資家・国家訴訟）条項には合意しないこと」、「交渉に当たっては、二国間交渉等にも留意しつつ、自然的・地理的条件に制約される農林水産分野の重要五品目などの聖域の確保を最優先し、それが確保できないと判断した場合は、脱退も辞さないものとすること」と記載されている。

（3）米は1kg当たり341円の関税を維持したが、ミニマム・アクセス（最低輸入機会＝MA）の枠外で、米国とオーストラリアに最大7・84万tの無関税の輸入枠を新設する。米国向けの輸入枠は、発効から3年目までは5万tとし、4年目から2000tずつ増やし、13年目以降は7万tとする。オーストラリア向けは、3年目まで6000tとし、4年目から240tずつ増やし、13年目から8400tとする。ただ輸入枠は売買同時入札（SBS）方式で、ミニマム・アクセス（MA）のように全量を輸入する義務はない。

このため実際の輸入量は、市場の需給に左右され、為替相場や国産米価格などの影響も受ける。なお、SBS方式とは、買い手と売り手の連名による売買同時契約のことで、現在米については、ミニマム・アクセス米の年間輸入量77万tのうち、10万tをSBS方式で輸入している。（農水省など）

（4）豚肉の関税は、輸入品の価格が低いときには、基準輸入価格に満たない部分を最高額482円/kgの差額関税で徴収し、国内養豚農家を保護する一方、価格が高いときには、低率な4・3%従価税を適用することにより、関税負担を軽減し、消費者の利益を図るという仕組みになっている。例えば、輸入価格が分岐点価格（524円/kg）以下の場合は、基準輸入価格（546・53円/kg）と輸入価格との差額を課税する。輸入価格が分岐点価格（524円/kg）を超える場合は、従価税（輸入価格の4・3%）を課税する。TPPの大筋合意では、差額関税制度や524円/kgの分岐点価格は維持するものの、現行482円/kgの重量税（差額関税）は10年目以降50円/kgに引き下げ、4・3%の従価税は撤廃する。（農水省）

（5）日本は米国、オーストラリアなど5カ国と、要請があれば発効7年後に関税の再協議を約束し、TPPの条文案の本文には、「関税撤廃を約束した品目の撤廃時期を早めるための協議は、どの国もいつでも他国に要請でき、要請されれば協議に応じる必要がある」との規定を盛り込んだ。

このほか、米国、カナダ、オーストラリア、ニュージーランド、チリの5カ国との間で、「要請があれば、関税や低関税輸入枠（関税割り当て）、セーフガード（緊急輸入制限措置）の扱いで再協議に応じる」との約束を付属文書で相互に規定した。重要品目も再協議の対象になるばかりか、「再協議では関税率を上げるなど当初の約束より保護することは想定していない」ということで、市場開放が加速されることへの懸念が強まっている。（日本農業新聞２０１５／11／６の記事による）

（６）アジア太平洋自由貿易圏（Free Trade Area of the Asia-Pacific：FTAAP）：アジア太平洋地域において、包括的で質の高い経済連携の強化を目指す構想であり、２００６年のＡＰＥＣ首脳会議において、地域経済統合を促進する方法及び手段について研究することとし、２０１０年、横浜で開催されたＡＰＥＣ首脳会議で、「ＦＴＡＡＰへの道筋」が策定された。

これによれば、ＦＴＡＡＰは、ＡＳＥＡＮ＋３、ＡＳＥＡＮ＋６、環太平洋パートナーシップ（ＴＰＰ）協定といった現在進行している地域的な取り組みを更に発展させることを確認した。２０１４年の北京ＡＰＥＣでは、首脳宣言の附属文書「ＦＴＡＡＰ実現に向けたＡＰＥＣの貢献のための北京ロードマップ」を採択・承認するとともに、「ＦＴＡＡＰ実現に関連する課題にかかる共同の戦略的研究」の立ち上げに合意した。（外務省）

（７）東アジア地域包括的経済連携（Regional Comprehensive Economic Partnership, RCEP）：ＡＳＥＡＮ10か国（ブルネイ、カンボジア、インドネシア、ラオス、マレーシア、ミャンマー、フィリピン、シンガポール、タイ、ベトナム）＋６か国（日本、中国、韓国、オーストラリア、ニュージーランド、インド）が交渉に参加する広域経済連携。

２０１２年４月ＡＳＥＡＮ関係諸国の首脳は、ＲＣＥＰ交渉立上げを宣言。ＲＣＥＰが実現すれば、人口約34億人（世界全体の約半分）、ＧＤＰ約20兆ドル（世界全体の約３割）、貿易総額10兆ドル（世界全体の約３割）を占める広域経済圏が出現する。（外務省）

（８）自由貿易協定（Free Trade Agreement, FTA）：特定の国や地域の間で、物品の関税やサービス貿易の障壁等を削減・撤廃することを目的とする協定。（外務省）

（９）経済連携協定（Economic Partnership Agreement, EPA）：貿易の自由化に加え、投資、人の移動、知的財産の保護や競争政策におけるルール作り、様々な分野での協力の要素等を含む、幅広い経済関係の強化を目的とする協定。（外務省）

（10）世界貿易機関（World Trade Organization, WTO）：ガット（GATT：関税と貿易に関する一般協定）のウルグアイ・ラウンド合意を受け、１９９５年１月に移行し、発足した国際機関。本部はスイスのジュネーブ。主な業務は、①世界共通の貿易ルール作りのための貿易交渉、②貿易に関する紛争の解決などである。加盟国は２０１５年４月現在、１６１の国と地域。（『新・よくわかる農政用語』全国農業会議所）

（11）最恵国待遇：加盟国が他の国に与える利益、特典、特権または免除は、他のすべての加盟国に対しても与えられるもので、特定の国だけに特別の利益を与えることができない。ＷＴＯ原則のひとつで、ＥＰＡ／ＦＴＡは一定の条件の下で例外扱いにされている。（『新・よくわかる農政用語』全国農業会議所）

（12）関税と貿易に関する一般協定（General Agreement on

Tariffs and Trade, GATT)：1948年に発足し、貿易面から国際経済を支える枠組みとして機能。我が国は1955年に加入した。この協定原則は、貿易制限措置の削減、貿易の無差別待遇（最恵国待遇、内国民待遇）とされている。ガットは正式な国際機関ではなかったが、これを拡大発展させる形で正式な国際機関としてWTO（世界貿易機関）が1995年1月に発足した。94年時点のガットおよびその関連文書はWTO協定が取り組んでいる。（『新・よくわかる農政用語』全国農業会議所）

(13) UR（ウルグアイ・ラウンド）合意：1993年に農業を含む15分野で合意。1995年から2000年までの6年間で、市場アクセスでは農産物全体の関税水準を単純平均で36％、品目毎に最低でも15％引き下げることになった。国内支持は20％削減、輸出補助金も金額ベースで36％（数量ベースで21％）削減することが決定された。（『新・よくわかる農政用語』全国農業会議所）

(14) 非貿易的関心事項：貿易問題を議論するにあたり、貿易的側面のみでなく食料安全保障、環境保護、農村地域開発など「非貿易的」側面を考慮することが重要とする事項。農業の多面的機能より広い概念として整理されている。2000年ドーハのWTO閣僚宣言でも「非貿易的関心事項に留意し、農業協定で規定されているとおり交渉において考慮されることを確認する」と記述された。（『新・よくわかる農政用語』全国農業会議所）

(15) 貿易歪曲的：関税、補助金、価格支持等で、本来、障壁がなければ実現されたであろう貿易が阻害されている状態を指す。但し、各国とも関税、補助金等で国内において育成若しくは保護していく産業があることから、完全に貿易歪曲性を撤廃させるのではなく、如何に諸制度を調和させることが課題。（外務省）

(16) 食料安全保障：すべての人が、いかなるときにも、活動的で健康的な生活に必要な食生活上のニーズと嗜好を満たすために、十分で安全かつ栄養ある食料を、物理的にも経済的にも入手可能であるときに達成されるものであり、それは、①Food Availability（供給面—適切な品質の食料が十分に供給されているか？）、②Food Access（アクセス面—栄養ある食料を入手するための合法的、政治的、経済的、社会的な権利を持ちうるか？）、③Utilization（利用面—安全で栄養価の高い食料を摂取できるか？）、④Stability（安定面—いつ何時でも適切な食料を入手できる安定性があるか？）といった四つの要素によって判断される。（FAO）

(17) エルニーニョ現象：太平洋赤道域の日付変更線付近から南米のペルー沿岸にかけての広い海域で海面水温が平年に比べて高くなり、その状態が1年程度続く現象。逆に、同じ海域で海面水温が平年より低い状態が続く現象はラニーニャ現象と呼ばれている。ひとたびエルニーニョ現象やラニーニャ現象が発生すると、日本を含め世界中で異常な天候が起こると考えられている。（気象庁）

(18) 農業保護水準（Aggregate Measurement of Support, AMS）：1993年のウルグアイ・ラウンドで合意された、削減対象とされる国内農業の総額。国内保護を削減対象（黄の政策）と削減対象外（緑・青の政策）に分け、黄の政策については86～88年の水準の20％ずつを毎年削減することが義務づけられている。（『新・よくわかる農政用語』全国農業会議所）

第７章

迷走し続ける農政改革

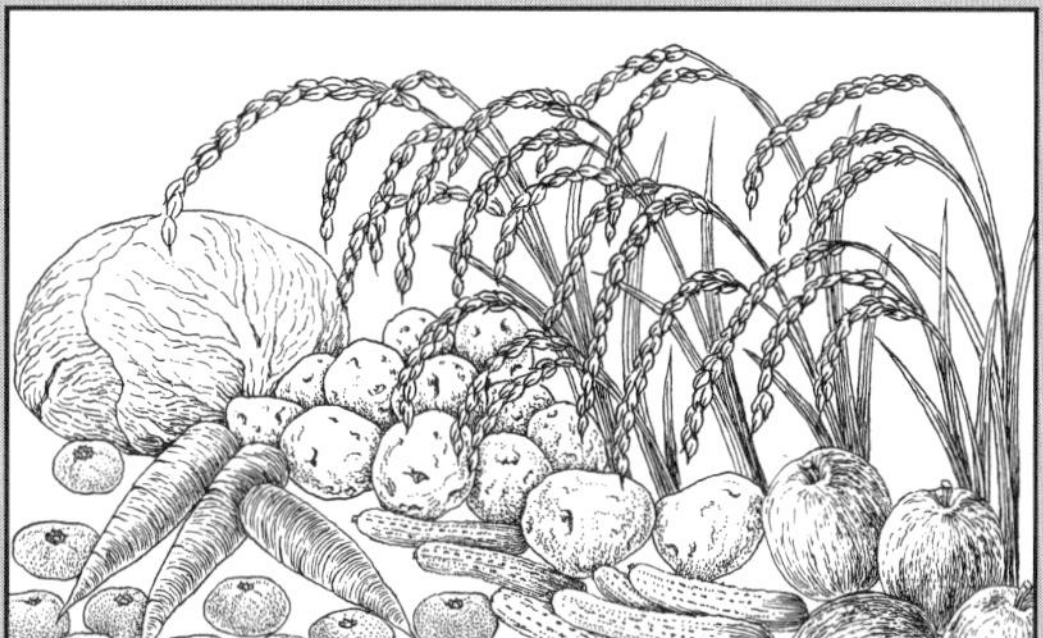

政権交代で揺れる農政

資本主義が「苦手」とする農業に起因して発生する農業問題は、各国農業の置かれた事情や歴史状況を反映して、食料不足や飢餓問題、農民の貧困や所得格差問題、農産物の過剰問題など多様な形で発現しました。

近年はまた、農業の衰退が招く多面的機能の喪失など農業環境問題に世界の注目が集まっています。一連の問題に対処するために、各国はそれぞれの事情に応じた農業政策を展開してきました。

第二次世界大戦後の我が国の農業政策に限って見ても、農地改革を起点とする食料不足に対応した食料増産政策、農工間所得格差の是正を目的とした農業基本法制定以降の保護農政の展開など、しばしば「猫の目農政」と称されたほどその変化はめまぐるしいものでした。1999（平成11）年からは、新たに制定された「食料・農業・農村基本法」[1]の下で農政展開の指針となる「基本計画」を定め、それを5年ごとに見直すこととされました。2000（平成12）年に策定された最初の「基本計画」は、2005（平成17）年、2010（平成22）年に改定され、現在に至っています。

ただ、この間、2009（平成21）年には自民党から民主党へ、2012（平成24）年には民主党から再度自民党へといった政権交代の煽りを受け、農業政策も変転を余儀なくされています。以下では、新たな「基本法」の主旨や「基本計画」に基づくこの間の農政の推移を跡づけながら、現代日本の農業問題に適応する農政の方向について検討してみたいと思います。

食料・農業・農村基本法の新機軸

戦後、はじめて農業基本法（以下、旧基本法という）が制定されたのは1961（昭和36）年のことでした。この法律が廃案となり、1999（平成

表７－１　旧基本法と新基本法

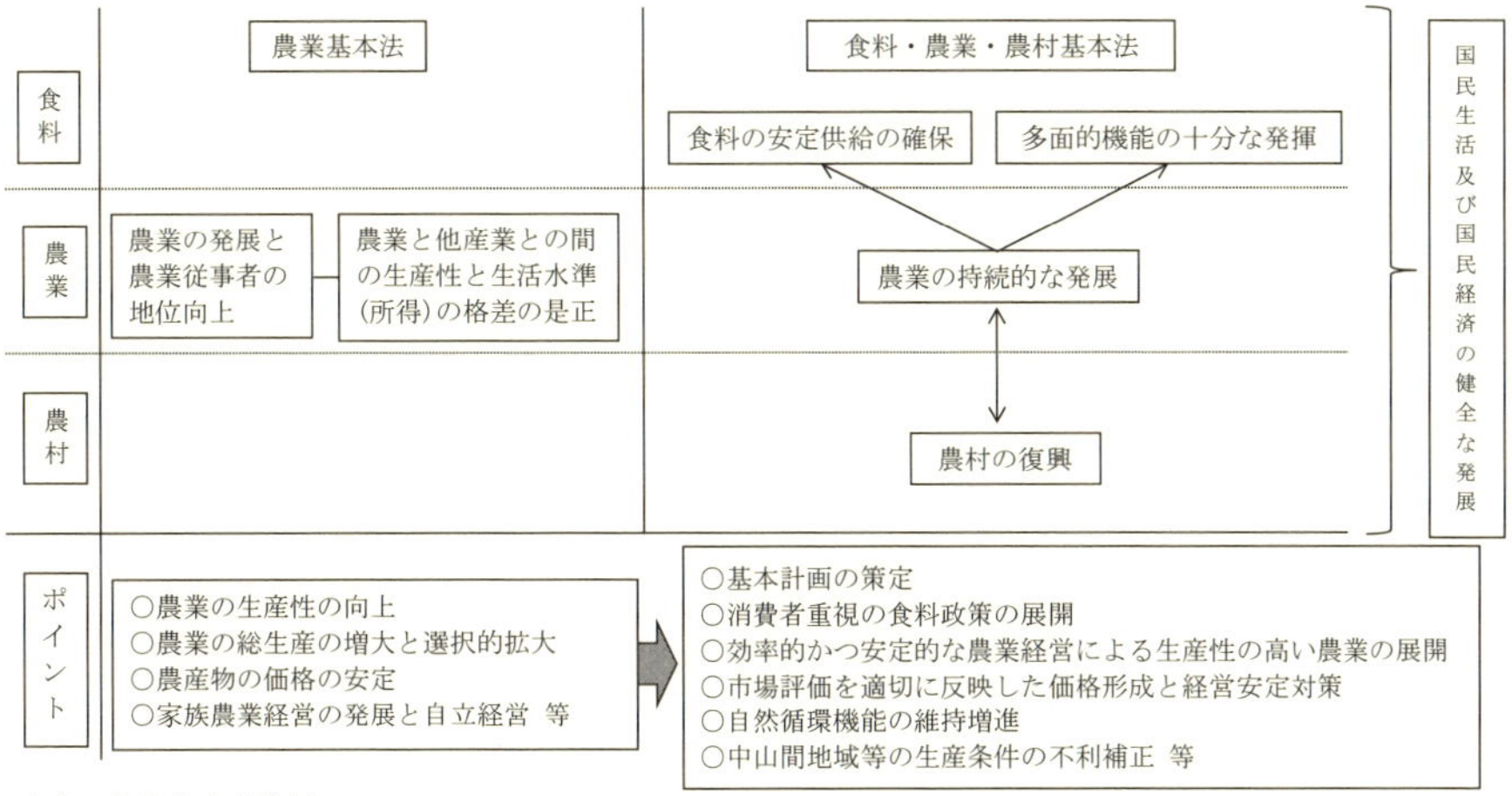

出典：農林水産省資料

11）年に新たに食料・農業・農村基本法（以下、新基本法という）が制定されるまでに40年近くを要したことになります。

この間、高度経済成長はしばらく前に終焉し、バブル経済崩壊後の失われた10年が延々と今日まで先延ばしされるなど、時代は大きく変わりました。農家の全面的な兼業化の進展により、大量の小規模農民の貧困問題や所得格差問題はあらかた解消されました。ただ、その過程で日本農業は存続が危ぶまれるほど危機的状況に追い込まれることになります。農業の持続性が確保されなければ、食料供給や多面的機能の維持が不可能になるばかりか農村社会そのものが崩壊してしまいます。今日の農業問題は、かつての貧困・格差問題とはやや異質な問題を際立たせながら新たな局面へシフトしつつあるといっていいでしょう。

農業政策もまた転換を余儀なくされました。ちなみに旧基本法は、生産政策、価格・流通政策、構造政策などを駆使しながら農工間の生産性・所得格差の是正を目指していました。格差問題が農業問題の

表7－2　農業基本計画の変遷

平成12年3月　食料・農業・農村基本計画の決定

食料自給率目標（平成22年度）	
供給熱量ベース	45%
（参考）金額ベース	74%

○食生活指針の策定
○不測時における食料安全保障マニュアルの策定
○効率的かつ安定的な農業経営が相当部分を担う農業構造の確立
○価格政策から所得政策への転換
○中山間直接支払いの導入 等

平成17年3月　食料・農業・農村基本計画の改定

食料自給率目標（平成27年度）	
供給熱量ベース	45%
（参考）金額ベース	76%

○食の安全と消費者の信頼の確保
○食事バランスガイドの策定など食育の推進、地産地消の推進
○担い手を対象とした水田・畑作経営所得安定対策の導入
○農地・水・環境保全向上対策の導入
○バイオマス利活用など自然循環機能の維持増進
○国内農林水産物・食品の輸出促進 等

平成22年3月　食料・農業・農村基本計画の改定

食料自給率目標（平成32年度）	
供給熱量ベース	50%
（参考）金額ベース	70%

○食の安全と消費者の信頼の確保
○総合的な食料安全保障の確立・意欲ある多様な担い手の育成・確保
○戸別所得補償制度の導入
○生産・加工・販売の一体化、輸出促進等による農業・農村の6次産業化等の推進
○農業生産力強化に向けた農業生産基盤整備の抜本見直し 等

出典：農林水産省資料

焦点となっていたからです。

　これに対して、新基本法は農業の持続的な発展を要として食料の安定供給、多面的機能の十分な発揮、農村の発展を図るという筋書きになっています（**表7－1**）。農業の持続的な発展のために、農地・水・担い手など生産要素を確保し、自然循環機能の維持増進を図りながら、望ましい農業構造を確立しようというわけです。

　さらに新基本法では、5年単位に[2]食料・農業・農村基本計画を策定し、農業施策に対する必要な見直しを行うことになりました。ただ、自民・民主両政権下の基本計画に盛り込まれた施策を見ると、政権交代に伴い自給率目標値や望ましい農業構造の図柄やその担い手像が変わるなど、揺れ動いています（**表7－2**）。農業の持続的な発展が危ういようだと、新基本法全体のシナリオは破綻してしまいかねません。

図7－1　農業構造の展望（平成27年）

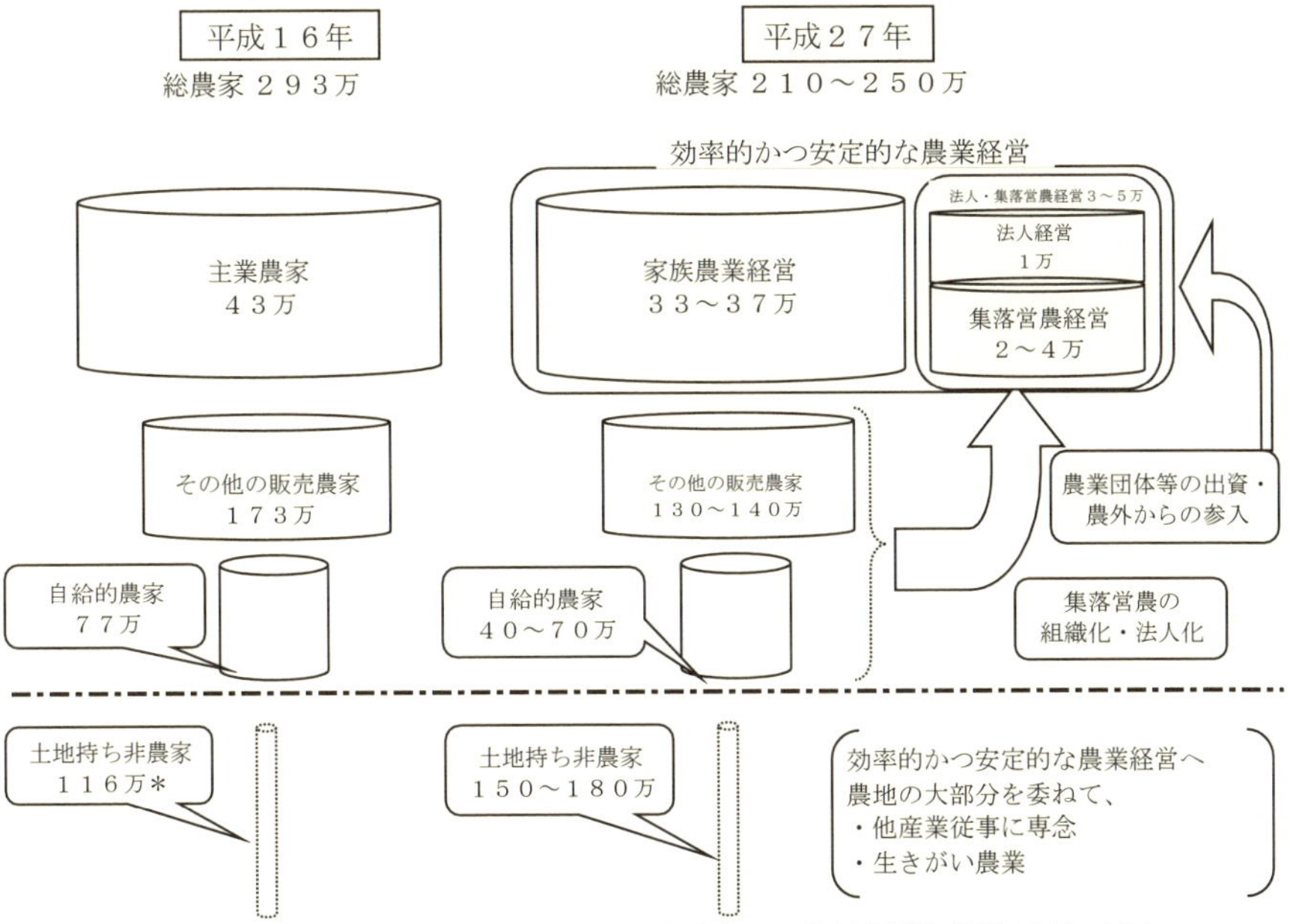

（注）＊平成１６年の土地持ち非農家数については、７年から１２年にかけてのすう勢を基にした推計値である。

法人経営：一戸一法人や集落営農の法人化によるものを除く。

集落営農経営：経営主体としての実体を有するもの。法人化したものを含む。

出典：農林水産省「農業構造の展望」

持続的農業発展の見取り図

新基本法は「国は、効率的かつ安定的な農業経営を育成し、これらの農業経営が農業生産の相当部分を担う農業構造を確立する」と定めています。これを受けて自民党政権下では、戦後農政の大転換の見取り図ともいうべき「農業構造の展望」(3)（**図7－1**）を提示し、効率的・安定的な家族経営、法人経営、集落営農経営の育成に焦点を絞った「品目横断的経営安定対策」（２００７（平成19）年12月に水田・畑作経営所得安定対策に名称を変更—以下「品目横断対策」(4)という）を実施することになりました。最大の特徴は構造改革を加速するために、外国産農産物との格差是正や収入変動の緩和といった政策的な支援措置を一定規模以上の認定農業者や集落営農に限定して行う、政策誘導型の担い手育成策を打

図7－2　品目横断的経営安定対策のイメージ

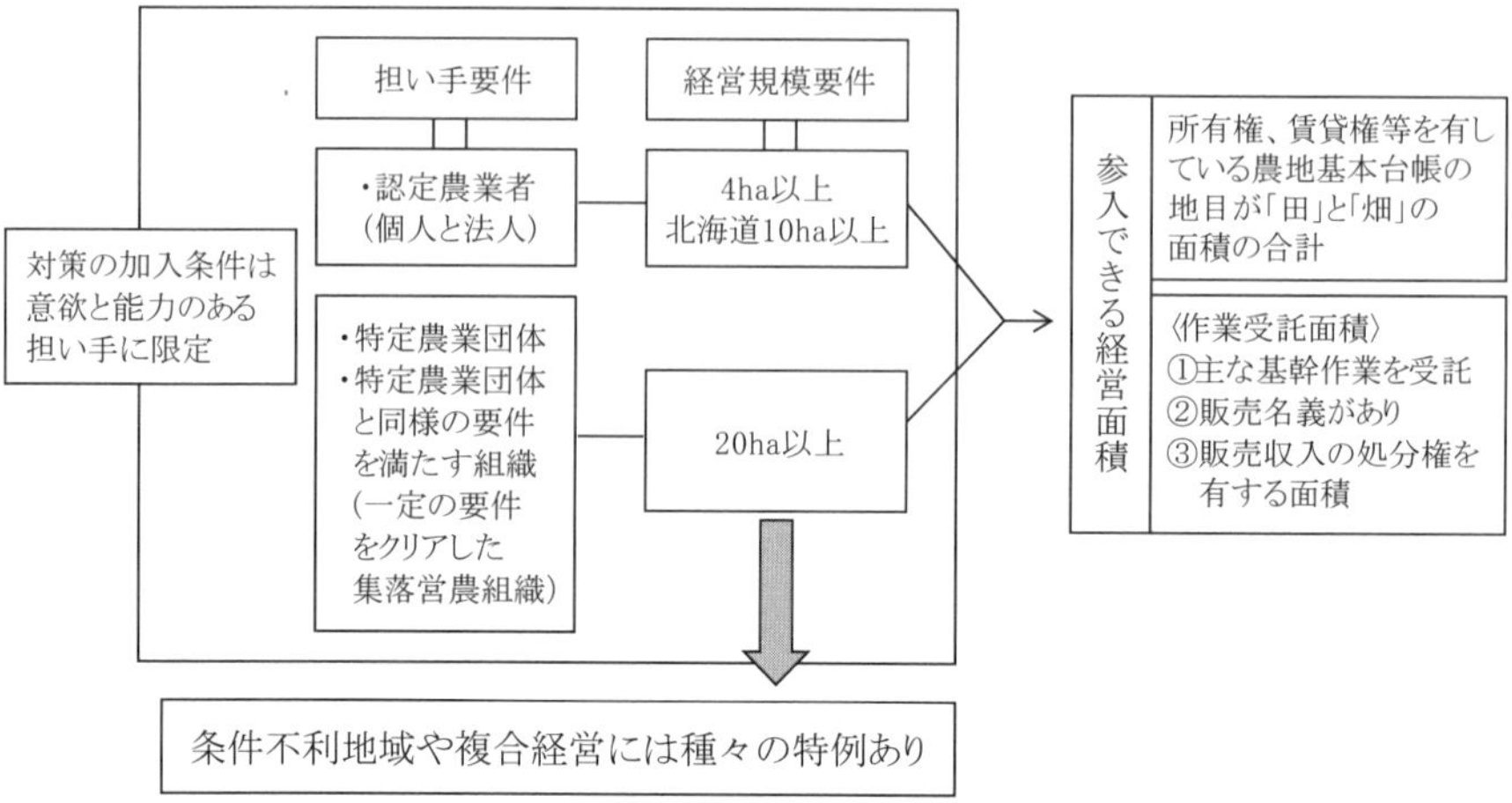

出典：農林水産省資料

ち出したことです。

支援対象となる経営規模は、認定農業者が都府県で4ha以上、北海道は10ha以上、特定農業団体やそれと同様の要件を満たす集落営農など組織的な経営体は20ha以上とされました。規模拡大が困難な中山間地域などは、知事の要請で面積要件を緩和できる特例措置も講じられました。

このほか、支援を受けるにあたっては、対象農地を農地として利用し、かつ国が定める環境規範を遵守するといった条件も付されました（**図7－2**）。対策の中身は、諸外国との大幅な生産条件の格差を補正する通称「ゲタ対策」と価格暴落等による収入の減少を補塡する通称「ナラシ対策」がワンセットになっています。前者の対象品目は麦・大豆・てん菜・でんぷん原料用ばれいしょで、米についてはすでに高関税というゲタで補正されているため対象外とされました。ただ、後者の「ナラシ対策」には米も含まれています。

ゲタ対策は、過去の生産実績に基づく面積支払い（緑の政策）と毎年の生産量・品質に基づく数量支

図７－３　生産条件不利補正（ゲタ）対策のイメージ

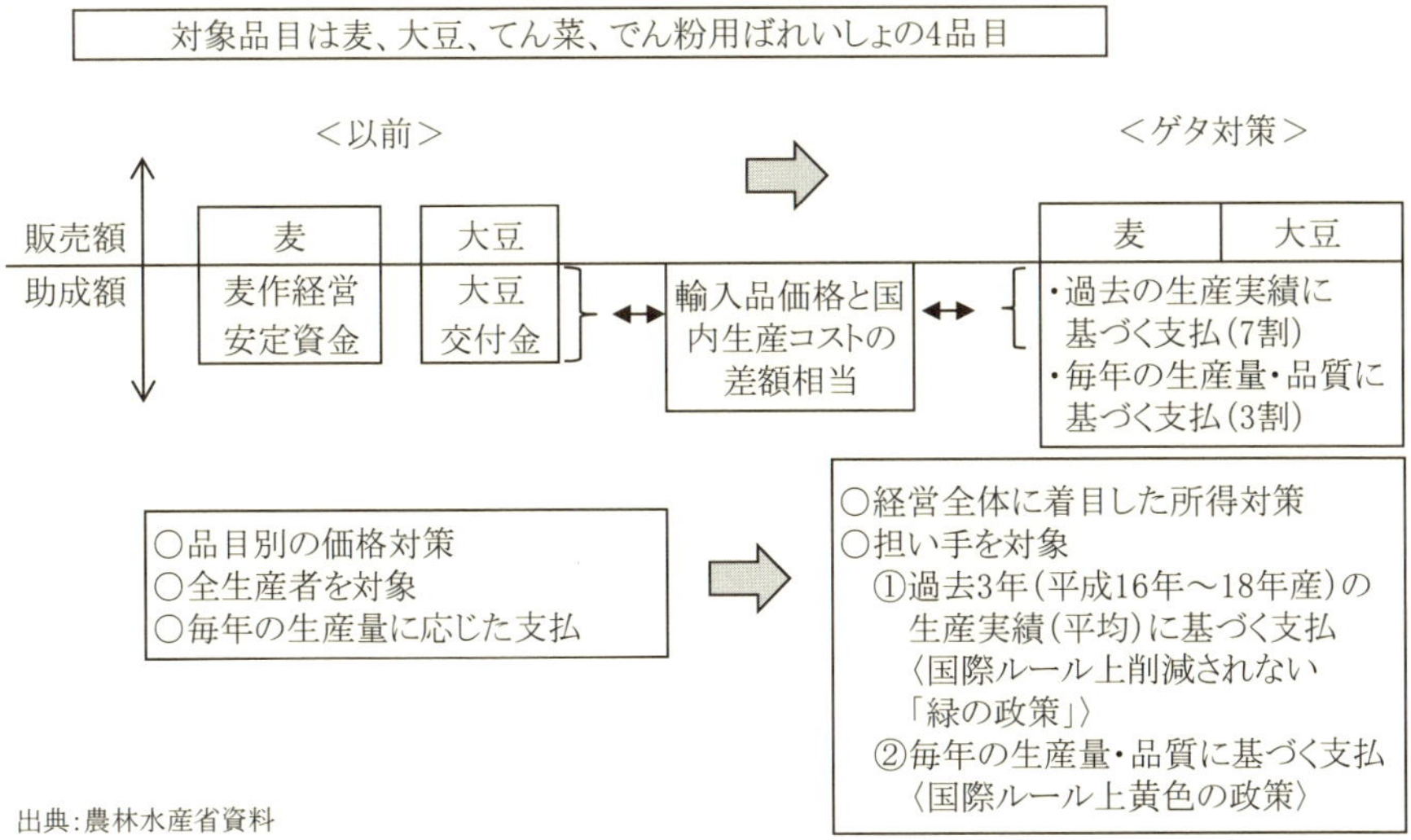

出典：農林水産省資料

払い（黄色の政策）を組み合わせ、例えば小麦10ａ当たり４万４００円相当の諸外国との格差を面積支払い７に対し数量支払い３の割合で補塡するという仕組みです。このうち面積支払いは農業者ごとに出荷数量を市町村の実単収で割って面積換算し、３年間の平均換算面積に地域別に設定される面積単価を乗じて算定されます。過去の平均単収が多い農家ほど実面積より換算面積が増えるため、その分支払い額も割り増しされることになります。なお、災害や土地改良事業の実施により生産できなかった年は算定から除かれます。

　生産数量支払いは、対象品目ごとに数量当たりの単価と毎年の生産量を掛け合わせ、全品目の合計が交付額となります。数量当たり単価は等級や品質区分により、例えば大豆60kg当たり１等３１６８円に対して３等２３０４円といった格差が設定され、生産者の高品質生産意欲喚起のため３年間固定されました（**図７－３**）。

　ゲタ対策は、ＷＴＯ協定上、国内支持政策に充当する財政支出の削減義務がない「緑の政策」[5]と削減

図7－4　収入変動緩和（ナラシ）対策のイメージ

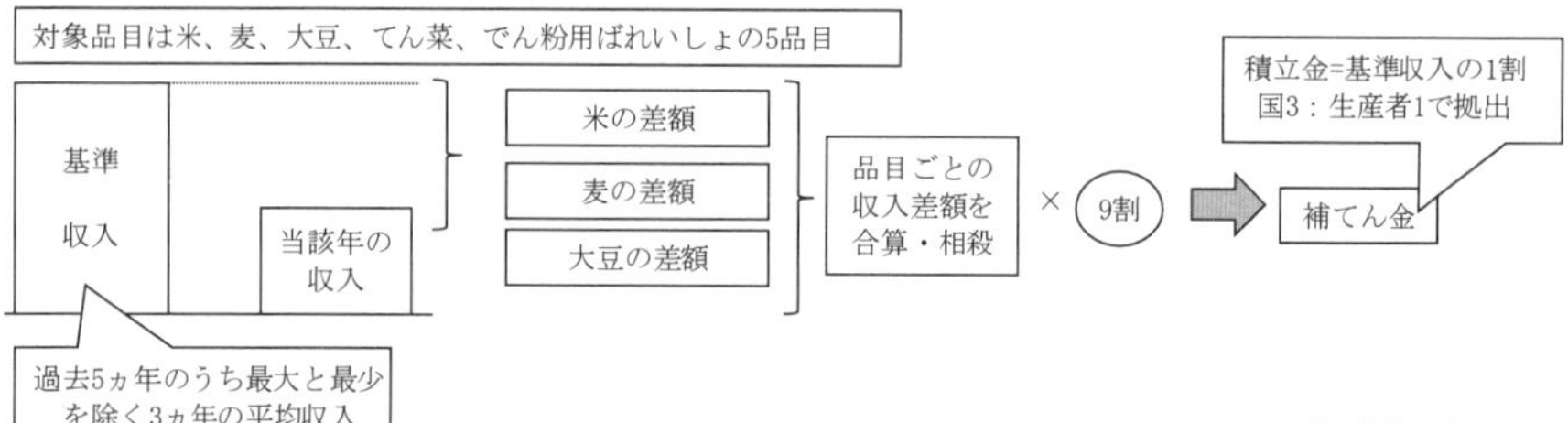

出典:農林水産省資料

義務のある「黄色の政策」[6]を組み合わせていることから「日本型直接支払い」といわれました。ただ、穀物自給率が極端に低い我が国の現状からすれば、むしろ面積支払いと数量支払いの比率を一定期間逆転させるぐらいのことを考えてもよかったでしょう。ガット・ウルグアイ・ラウンド（U・R）合意に基づく黄色の政策の削減約束を過剰に達成している我が国には、そのくらいのゆとりがあったからです。

収入減少の影響を緩和するナラシ対策は、過去5年間のうち最高・最低の年次を除いた3年間の平均収入と当該年の品目ごとに合算・相殺した収入格差を、積立金の範囲内で9割まで補塡するというものです（**図7－4**）。積立金は基準収入の10％減収をめどに算定され、基金の拠出割合は政府3に対して生産者1とされました。農業災害補償制度との重複補償回避措置も含まれています。

問題となったのは、過去に作付け実績のない担い手に対する面積支払いをどうするかということでした。担い手が新たに大豆や麦生産に取り組んでも過去の生産実績がないと面積支払いの対象とならないからです。これについては担い手育成・確保総合対策の中で、別途面積支払いと同等水準の支援に充てる70億円規模の予算措置が講じられました。米の生産調整の拡大・定着が避けられない以上、過去の面積支払いだけだと生産拡大のインセンティブ[7]（刺激）にならないからです。同対策には認定農業者や特定農業団体[8]に対するスーパーL資金[9]の無利子融資など総額110億円のメリット措置も盛り込まれました。

およそ以上のような品目横断対策を推進していく上で懸念されたのは、政策意図と現場の動向に心理的要素も含めて大きなギャップが存在したことです。

見直された担い手政策

各種特例措置や追加的支援策が盛り込まれたとはいえ、品目横断対策は政策意図にかなう担い手がまれにしか存在しない極端な選別政策でした。主業農家というゆるい基準で見ても1戸もいない集落が全国集落の半数にも及んでいたからです。

センサス統計で見る5年ごとの規模拡大の動向も確実に勢いが衰える傾向にありました。米の売渡数量に占める3・0ha未満農家の比率もいまだに7割にも及んでいました。これがプラザ合意以降、グローバル市場経済に翻弄されてきた農村現場の実態だったのです。こうした現実を踏まえるなら農政が大規模な担い手を育成できるという確証などありませんでした。国の政策といえども、市場経済の下では現実の推移を加速したり市場の暴走を抑制したりといった限定的役割にとどまるからです。

その証拠に、旧基本法以来、自立経営農家の育成を始めとする多様な担い手育成策は、全面的兼業化の波に洗われながら、ことごとくといっていいほど破綻を繰り返してきました。例えば1992（平成4）年の新政策が打ち出した、個別経営体を35万〜40万戸育成するというシナリオも、目標年次の実績値はスタート時点の10万戸と変わりませんでした（**表7ー3**）。品目横断対策の要件をクリアできる担い手の面積カバー率にしても、水稲50%、麦86%、大豆89%などといわれていますが、やや無理な推計の域を脱していません。

現実を目の当たりにしてきた多くの農家にとって、品目横断対策は危険を負担しない国の農政が突貫工事で誂《あつら》えたゴールなき欠陥道路のごときものでしかありませんでした。ただ、たとえ欠陥道路と分かっていても特定の農家以外進入禁止のマークを貼られれば、それはそれで不愉快に思う人がたくさん

表７－３　新政策策定時における稲作を中心とした農業構造の展望と実績

	平成2年実績	新政策策定時における平成12年度の見通し	平成12年実績
基幹的農業従事者	313万人	210万人	240万人[1)]
65歳 未満の割合	71%	54%	49%[1)]
総農家戸数	383万戸	250〜300万戸	312万戸[1)]
個別経営体数	10万戸程度（試算値）	35〜40万戸	10万戸程度[2)]（試算値）
組織経営体数	-	2万（稲作が主）	0.4万戸[3)]
（稲作の姿）	〈中核農家〉	〈個別経営体〉	〈認定農業者がいる農家〉[1)]
	単一経営9万戸	単一経営5万戸	単一経営2.3万戸
		（経営規模10〜20ha）	
	複合経営19万戸	複合経営10万戸	複合経営5.1万戸
		（経営規模5〜10ha）	
稲作経営における個別経営体の生産シェア	5.0ha以上の稲作付面積[4)]	5割	5.0ha以上の稲作付面積[4)]
	8.2%		12.6%
	（1990年産米）		（1999年産）
自給的農家	86万戸	60〜110万戸	78万戸[1)]
土地持ち非農家	78万戸	140〜190万戸	110万戸[1)]

注：1）数字は2000年センサスによる。ただし、認定農業者がいる農家のうち複合経営農家の中には稲作以外のものも含まれる。
2）農林水産省「新政策における農業構造の見通しとその達成状況」の試算値である。
3）組織経営体については、2000年センサスにより稲作1位の農家以外の事業体1,312のうち販売金額1,000万円以上の689事業体と水稲作サービス事業体13,471のうち受託料収入1,000万円以上の3,655事業体を加算した値である。
4）1990年産米と1999年産米に関する米麦データブックの数字である。資料の制約上5.0ha以上のデータしかとれないが、これでも「新政策」が目標とした数字には遠く及ばない。
資料：農林水産省「新政策における農業構造の見通しとその達成状況」、農林水産省統計情報部「農林業センサス」2000年、食糧庁「米麦データブック」1992年、2001年版等により著者作成

います。農村で多数派を占める小規模農家の心理的抵抗感が強まる中、政策意図と現実のギャップは拡大していきました。

　民主党への政権交代により、「食料・農業・農村基本計画」は２０１０（平成22）年に見直されることになります。新たな「基本計画」では「望ましい農業構造の実現を目指すこれまでの政策が目的を十分達成できなかった」と批判的に総括し、改めて「意欲ある多様な農業者を育成・確保する政策への転換」という担い手政策の新機軸が打ち出されました。「意欲ある多様な農業者を育成・確保する政策への転換」を受けて、基本計画の「対応方向」も「農業構造の展望」のような政策モデル重視の「誘導型」から現場の取り組み重視の「支援型」へと転換しまし

た。「大規模効率化を目指す農業者も、規模が小さくても加工や販売に取り組むこと等により特色ある経営を展開する農業者も、それぞれ創意工夫を活かしながら営農を継続・発展させることができるよう、現場の主体的判断を尊重した多様な努力・取組を支援する施策を展開」すると述べているからです。

ただ、そうはいっても「多様な努力・取組」による「効率的・安定的経営体の育成・確保」を否定しているわけではありません。「多様な努力・取組の結果、経営体が地域農業の担い手として継続的に発展を遂げた姿である効率的かつ安定的な農業経営が、より多く確保されることを目指す」といっています。さらにまた「経営の規模拡大や効率化、あるいは集落営農[10]の組織化といった政策方向を否定するものではなく、むしろ推進する」ともいっています。

育成・確保すべき担い手候補の筆頭に挙げているのは、認定農業者制度の活用による「家族農業経営」で、つぎの有力候補は法人化[11]・6次産業化に取り組む「集落営農」です。新規参入する会社など、経営の多角化・複合化・6次産業化に挑戦する「法人経営」も育成・確保の候補に挙げています。これを見るかぎり、担い手像はこれまでの「展望」とさほど変わりません。違うのはどうやら、そこに至る政策手法のようです。

基本計画では「農業者が将来にわたって農業を継続し、経営発展に取り組むことができる環境を整備することにより、再生産可能な農業経営の基盤を作る」ことを重視しているからです。担い手育成は、それまでの支援対象を特定の農家や経営体に絞り込んだ「政策誘導型」から、多様な農業者を支援する「環境整備型」に転換したといっていいでしょう。つまり、環境整備は国が行うものの、担い手育成は多様な現場の取り組みにゆだねることになったわけです。

新基本法第21条の「効率的かつ安定的な農業経営を育成し、これらの農業経営が農業生産の相当部分を担う農業構造を確立する」という文言を受けて、これまで「農業構造の展望」が何回か提示されまし

表7－4　農業構造の展望比較

	平成22年展望（12年基本計画対応）	平成27年展望（17年基本計画対応）	平成32年展望（22年基本計画対応）
総農家	230～270万戸	210～250万戸	-
効率的・安定的経営	30～41	30～42	28.1[4)] 万戸
家族経営	33～37	33～37	24[3)]
法人・生産組織	3～4	3～5[1)]	4.1[2)]
その他農家	190～230	170～210	-
うち販売農家	140～150	130～140	97[5)]
自給的農家	50～80	40～70	-
土地持ち非農家	140～170	150～180	-
備考	作業受委託を含め農地利用の6割程度を「効率的安定的な農業経営」に集積見込み。	農地利用の7 ～ 8割程度を効率的かつ安定的な家族農業経営、法人経営集落営農経営に集積見込み。	農地利用の4割を主業農家、2割を集落営農、1割を法人経営に集積見込み。

注 1）平成27年展望のこの欄は、法人・集落営農経営の数。
2）平成32年展望のこの欄は法人（集落営農法人除く）・集落営農経営（法人を含む）の数。
3）平成32年展望のこの欄は主業農家の数。
4）平成32年の展望では、効率的・安定的経営という項目では設定されていないので、参考までに主業農家と法人・集落営農組織の合計値をこの欄に計上。
5）この欄の販売農家数は、平成32年の販売農家の展望数約121万戸から主業農家の展望24万戸を差し引いた値。
資料：農林水産省「農業構造の展望」。ただし、平成32年の展望は案。

た。しかし、2020（平成32）年の展望には、これまでと違い「効率的かつ安定的な農業経営」という文言もその展望を示す数値欄も見当たりません。対比する意味で、あえてその欄に主業農家24万戸、法人・生産組織4万1000戸という見込み数値を記載してみました（**表7－4**）。

　ですから、この欄の数値は、これまでのような「主たる従事者の年間労働時間が他産業従事者と同等であり、主たる従事者一人当たりの生涯所得が他産業従事者と遜色ない水準を確保し得る生産性の高い営農を行う」という意味での効率的かつ安定的経営とは限りません。なお[12]自給農家や[13]土地持ち非農家の数値は示されませんでした。

　さらに民主党政権下の展望によれば、2005（平成17）年から2020年にかけて主業農家は43万戸から24万戸に激減するとされています。それに対して集落営農および法人は、2～3倍程度の伸びが見込ま

表7－5　主業農家、集落営農、法人経営の展望

（%）

	平成17年	平成32年	平成32年／平成17年
主業農家	43万戸	24万戸	0.6
1戸当たり耕地面積	4.4ha	7.7ha	1.8
経営耕地面積	189万ha[1)]	185万ha	1.0
集落営農	10,063営農	23,000営農	2.3
1営農当たり耕地面積	35.1ha	37.0ha	1.1
経営耕地面積	35万ha	83万ha	2.4
集落営農法人	646法人	8,000法人	12.4
1法人当たり耕地面積	35.0ha	29ha	0.8
経営耕地面積	2万ha	22万ha	11.0
法人	8,700法人	26,000法人[2)]	3.0
1法人当たり耕地面積	13.6ha	18ha[3)]	1.3
経営耕地面積	12万ha	46万ha[4)]	3.8

注　1）平成17年の耕地面積は数値が与えられていないため、1戸当たり耕地面積4.4haに主業農家43万戸を乗じて算出した。
　　2）26,000法人には、集落営農法人8,000法人が含まれている。
　　3）1法人当たり経営耕地面積は集落営農法人29ha、それ以外の法人13haである。
　　4）経営耕地面積は集落営農法人22万ha、それ以外の法人24haである。
資料：農林水産省「農業構造の展望」（案）

れています。中でも集落営農型法人の見込みは、経営数で12・4倍、耕地面積で11倍と大幅な伸びが見込まれています（表7－5）。新たな「農業構造の展望」の特徴の一つがここに表れているといっていいでしょう。仮に今、新たな「農業構造の展望」の主業農家、集落営農、法人を効率的かつ安定的な経営と読み替えることができるなら、新基本法第21条の主旨が若干表現を変えて反映されていると解釈できなくもありません。

しかし、新たな「農業構造の展望」では「ここで示した農業構造の姿が唯一の解ではない」とわざわざ断っています。「経営政策が目指す将来の農業ビジョンは、意欲ある全ての農家が農業を継続できる環境の下、創意と工夫の発揮により経営の発展を図り、地域・集落としても持続的に発展していく姿である」とも述べています。だとしたら、いっそのこと新基本法第21条の文言を「意欲的な全ての農家が農業を継続できる環境の下、創意工夫の発揮により経営の発展を図る」とでも書き改めたらよかったでしょう。

同様の問題は改[14]正農地法と経[15]営基盤強化促進法の間にも存在します。改正農地法63条の第2項では「農業の経営形態、経営規模等についての農業者の主体的な判断に基づく様々な農業に関する取組を尊重する」と定めています。想定しているのは、「望ましい農業構造の展望」のような担い手ばかりではありません。ところが基盤強化法第1条は、「育成すべき効率的かつ安定的な……農業者に対する農用地の利用の集積……」と、主旨はこれまでと変わりません。このままだと農地の利用集積対象をめぐる現場の混乱を招かないとも限らないでしょう。

担い手政策をこれまでの対象限定型から対象を限定しない参加型に転換するとすれば、それを明瞭に判別できるような政策体系の整合性を確保しておくことが必要だろうと思います。それがなされないまま、今また、自民党政権下で、担い手政策の揺れ戻しが始まろうとしています。猫の目農政といわれてから久しいにもかかわらず、いまだにその欠陥は是正されそうにありません。政権交代による農業政策の変化は、つぎに見る国の交付金等による各種支援措置にも反映されています。

所得補償のスキーム

自民党政権下の経営所得安定対策は、一定規模以上の担い手に政策対象を限定した選別的な政策でした。これに対して、民主党政権下の戸別所得補償制度は、意欲ある多様な農業者に政策対象を拡大した宥和《ゆうわ》的な政策に変わりました。この結果、7〜8万件台だった経営所得安定対策への加入件数は、戸別所得補償制度に変わった途端に110万〜120万件台へと飛躍的に増えました（**表7−6**）。

経営形態別に見ると法人や集落営農も増えていますが、その大半を占めているのは小規模農家を中心とする個人加入件数の増加です。このため、野党に転落した自民党サイドなどから、戸別所得補償制度は構造改革の推進にブレーキをかける選挙目当ての単なるバラマキ政策だとの批判を浴びてきました。

ただ、所得補償のスキーム（概要）が大幅に変わ

表7－6　経営所得安定対策および戸別所得補償制度への経営形態別加入件数

		加入条件	加入件数
平成19年度	経営所得安定対策	「認定農業者」又は「集落営農組織」で一定の経営規模を有すること。(※) 米の生産調整を実施していること。	72431 (87.6)
平成20年度	経営所得安定対策		84274 (88.4)
平成21年度	経営所得安定対策		85233 (88.2)
平成22年度	戸別所得補償モデル対策 （米戸別所得補償モデル事業 水田利活用自給力向上事業）	販売農家・集落営農であれば経営規模は問わない。 米戸別所得補償モデル事業以外は、米の生産調整への参加の有無は問わない。	1163090 (98.8)
	経営所得安定対策		83492 (87.9)
平成23年度	戸別所得補償制度	販売農家・集落営農であれば経営規模は問わない。 米の所得補償交付金以外は、米の生産調整への参加の有無は問わない。	1218237 (98.8)
	経営所得安定対策		74998 (88.0)

※:「一定の経営規模」とは、①認定農業者は、都府県で4ha、北海道で10ha。②集落営農組織は20ha。平成20年度から市町村特認制度が導入され、一定の経営規模以下でも加入することが可能になった。
注1:平成22年度の戸別所得補償モデル対策は支払いに至った加入者数。
注2:平成23年度は8月31日現在の速報値。
注3:加入件数の( )は個人加入の割合。
出典:農林水産省資料「戸別所得補償制度に関する資料」

ったわけではありません。経営所得安定対策の通称「ナラシ対策」、「産地確立交付金」、「畑作物ゲタ対策」などは民主党政権化の政策でも「米の所得補償交付金等」、「水田活用への所得補償交付金」、「畑作物への所得補償交付金」といった名称で基本的に踏襲されています（**表7－7**）。ただ、際だって違うのは、それまで多いときですら２００億円台だった米の所得補償支払額が先に見た対象農家の飛躍的な増大により１５００億～３０００億円台へと桁違いに増えたことです。

水稲作付面積のカバー率も経営所得安定対策の30％程度から戸別所得補償制度の80％前後と大幅に増大しました（**表7－8**）。表示はしていませんが県単位で見ると、カバー率が90％を超えているところも東北を中心に数県見られます。

農林水産予算の減少傾向が続く中、これに必要な財源は、「コンクリートから人へ」を旗印にした公共事業費の大幅な削減により賄われました（**表7－9**）。このように、経営所得安定対策が支援対象農家限定型（小農選別型）の政策だったの

表7－7　継承された所得補償政策のスキーム

	米の所得補償交付金及び米価変動補填交付金	水田活用の所得補償交付金	畑作物の所得補償交付金
	(22年度は米戸別所得補償モデル事業)	(22年度は水田利活用自給力向上事業)	(23年度から措置)
平成22年度(モデル対策)	〈支払額〉3,069億円　(予算額)(3,371億円) 生産調整を実施している販売農家に対して、交付金を交付 全国一律単価 定額部分：15,000円/10a 変動部分：15,100円/10a	〈支払額〉1,890億円　(予算額)(2,167億円) 水田で戦略作物を生産している販売農家に対し、品目ごとの全国一律単価にて交付金を交付 麦：35,000円/10a 大豆：35,000円/10a 新規需要米：80,000円/10a　等	
平成23年度	3,320億円(所要額)	2,284億円(予算額)	2,123億円(所要額) 数量払いを基本として、営農を継続するために必要最低限の額を面積払で交付
(参考) 19,20,21,22年産水田・畑作経営所得安定対策	(ナラシ対策) 〈支払額〉 19年産：243億円 20年産：54億円 21年産：142億円 22年産：62億円 ※：支払額は国費分の交付額 生産調整を実施している一定規模以上の農業者に対し、地域ごとに収入下落分の9割を補填	(産地確立交付金) 〈支払額〉 19年産：1,570億円 20年産：1,655億円 21年産：1,667億円 ※：支払額は、新受給調整システム定着交付金の支払額及び稲作構造改革促進交付金からの融通分等を含む。 産地ごとに使途や単価を設定	(畑作物ゲタ対策) 〈支払額〉 19年産：1,484億円 20年産：1,511億円 21年産：1,403億円 22年産：1,283億円 一定規模以上の農業者に対して、過去の生産実績に基づく固定払と毎年の生産量・品質に基づく数量払の2つの交付金を交付

出典:農林水産省資料「戸別所得補償制度に関する資料」

表7－8　作付計画面積(加入面積)・加入率

		作付計画面積(加入面積)	水稲共済加入面積	作付計画面積(加入面積)/水稲共済加入面積(加入率)	＜参考＞生産数量目標の面積換算値
平成19年度	ナラシ対策(米)	43.7万ha	148.9万ha	29.3%	156.6万ha
平成20年度	ナラシ対策(米)	47.2万ha	145.6万ha	32.4%	154.2万ha
平成21年度	ナラシ対策(米)	49.1万ha	145.4万ha	33.7%	154.3万ha
平成22年度	米戸別所得補償モデル事業	112.7万ha(10a控除後:101.9万ha)	145.6万ha	77.4%	53.9万ha
	ナラシ対策(米)	49.7万ha		34.2%	
平成23年度	米の所得補償交付金	115.2万ha	141.4万ha	81.4%	150.4万ha
	ナラシ対策(米)	43.9万ha		31.0%	

注1:ナラシ対策(米)の作付計画面積には、主食用米以外の新規需用米や加工用米の面積も含まれる。
注2:水稲共済加入面積については、水稲共済の引受面積から米粉用米、飼料用米、加工用米の取組計画の認定面積を差し引いたものに、水稲共済のない秋田県大潟村の水稲作付面積を加えている。
注3:平成23年度は8月31日現在の速報値。
出典:農林水産省「戸別所得補償制度に関する資料」平成23年11月

表7－9　農林水産予算および農業者戸別所得補償制度等予算の推移

区分	平成19年度	平成20年度	対前年比	平成21年度	対前年比	平成22年度	対前年比	平成24年度	対前年比
農林水産予算総額	26,927	26,370	97.9	25,605	97.1	24,517	95.8	22,712	92.6
1.公共事業費	11,397	11,074	97.2	9,952	89.9	6,563	65,9	5,194	79.1
うち農業農村整備	6,747	6,677	99.0	5,772	86.4	2,129	36.9	2,129	100.0
2.非公共事業費	15,530	15,296	98.5	15,653	102.3	17,954	114.7	17,517	97.6
うち戸別所得補償制度						5,618	皆増	5,363 (所要額8,003)	95.4
うち水田・畑作経営所得安定対策	533 (所要額1,413)	1,094 (所要額2,105)	205.4	934 (所要額2,324)	85.4	634 (所要額2,330)	67.9	220 (所要額　842)	34.7
うち産地確立交付金等	1,494	1,481	99.1	1,830 (所要額1,882)	123.6	(再掲 2,167 水田利活用自給力向上事業※)		(再掲 2,284 水田活用の所得補償交付金※)	
うち共同利用施設設備関係交付金									
強い農業づくり交付金	341	249	73.0	244	98.0	144	59.0	182	126.4
農山漁村活性化プロジェクト支援交付	341	305	89.6	349	114.3	246	70.4	184	74.6
経営体育成交付金関連						82	皆増	77	93.9

※1:水田利活用自給力向上事業(2,167億円)は、戸別所得補償制度(5,618億円)の内数である。
※2:水田活用の所得補償交付金(2,284億円)は、戸別所得補所制度(5,363億円)の内数である。
注1:計数は、四捨五入のため、端数において合計とは一致しないものがある。
注2:所要額は、特定収入等の財源分を含む対策規模である。
注3:産地確立交付金等は、産地確立交付金、水田農業構造改革対策推進交付金の計(21年度には、水田等有効活用促進交付金及び水田等有効活用促進指導費交付金も含む)。
注4:共同利用施設整備関係交付金は、各交付金に関連する直接採択事業の予算を含む。
注5:共同利用施設整備関係交付金は、補正予算において20年度計(172億円)、21年度計(207億円)、22年度計(196億円)を別途措置。
出典:農林水産省「戸別所得補償制度に関する資料」

に対して戸別所得補償制度は支援対象農家開放型（小農宥和型）の政策であったといっていいでしょう。

ただ、政権交代の煽りを受けて農業政策の骨格が大きく変わるようだと、新基本法の要をなす農業の持続的な発展に対する政策的な支援措置が定まらないまま、食料の安定供給、多面的機能の十分な発揮、農村の振興など期待した効果を挙げることも難しくなってしまいます。

例えば、２０００（平成12）年の基本計画で掲げた10年後の食料自給率目標は、ことごとく期待を裏切る結果に終わってしまいました。カロリーベースの食料自給率は、基本計画の基準年とした１９９７（平成９）年の41％を13年後の２０１０（平成22）年までに45％まで引き上げるという目標を掲げていましたが、２０１０年の実績値は逆に39％と基準年の値すらも下回っています。金額ベースの自給率にしても基準年71％、目標値74％、実績値70％と結果は同様です（**表7－10**）。

品目別に見ても、大半の実績値は目標値を下回り、ＢＳＥ問題を契機に２００３（平成15）年以降アメリカ産牛肉の輸入規制が続いた牛肉の実績値のみが42％と目標値の38％を上回っています。ただ、２０１３（平成25）年２月以降、牛肉の輸入規制がそれまでの月齢20カ月以下から30カ月以下に緩和されたため、輸入の増大により一挙に自給率低下を招かないとも限りません。

食料自給率が目標値どころか大半の品目で基準年

表７－10　食料自給率の推移

（単位：％）

		昭和40年度	50	60	平成7年度	17	22	26（概算）
品目別自給率	米	95	110	107	104	95	97	97
	うち主食用					100	100	100
	小麦	28	4	14	7	14	9	13
	大麦・はだか麦	73	10	15	8	8	8	9
	いも類	100	99	96	87	81	76	78
	かんしょ	100	100	100	100	93	93	94
	ばれいしょ	100	99	95	83	77	71	73
	豆類	25	9	8	5	7	8	10
	大豆	11	4	5	2	5	6	7
	野菜	100	99	95	85	79	81	80
	果実	90	84	77	49	41	38	43
	みかん	109	102	106	102	103	95	104
	りんご	102	100	97	62	52	58	56
	肉類（鯨肉を除く）	90	77	81	57	54	56	55
		(42)	(16)	(13)	(8)	(8)	(7)	(9)
	牛肉	95	81	72	39	43	42	42
		(84)	(43)	(28)	(11)	(12)	(11)	(12)
	豚肉	100	86	86	62	50	53	51
		(31)	(12)	(9)	(7)	(6)	(6)	(7)
	鶏肉	97	97	92	69	67	68	67
		(30)	(13)	(10)	(7)	(8)	(7)	(9)
	鶏卵	100	97	98	96	94	96	95
		(31)	(13)	(10)	(10)	(11)	(10)	(13)
	牛乳・乳製品	86	81	85	72	68	67	63
		(63)	(44)	(43)	(32)	(29)	(28)	(28)
	魚介類	100	99	93	57	51	55	54
	うち食用	110	100	86	59	57	62	60
	海藻類	88	86	74	68	65	70	66
	砂糖類	31	15	33	31	34	26	31
	油脂類	31	23	32	15	13	13	13
	きのこ類	115	110	102	78	79	86	87
飼料用を含む穀物全体の自給率		62	40	31	30	28	27	29
主食用穀物自給率		80	69	69	65	61	59	59
供給熱量ベースの総合食料自給率		73	54	53	43	40	39	39
生産額ベースの総合食料自給率		86	83	82	74	69	69	64
飼料自給率		55	34	27	26	25	25	27

資料：農林水産省

の数値すら下回ったのは、この間、新基本法の要をなす農業の持続的発展とは裏腹に農業の持続的衰退に歯止めがかからなかったことを物語っています。こうした中、政権交代により再び農政の転換に関する議論が取りざたされ始めました。

期待される農政の方向を展望

農業を取り巻く状況変化に対応した個々の農政施策や予算枠の変動ならば、これからもありうるだろうし、やむをえないことなのかもしれません。ただそれも、農業の持続的な発展を方向づける農政の大枠が定まっていればこその話です。それが曖昧なまま農政の迷走が続くようだと、新基本法のシナリオはもとより今日的な農業環境問題への対応も破綻を余儀なくされかねません。そこでまずは、自民・民主両政権下の構造政策、食料自給政策、農村政策を比較対比しながら、期待される農政の方向を展望してみたいと思います（**表７−11**）。

農業の衰退傾向を持続的発展に切り替えるには、抜本的な農業構造改革が避けて通れないということで、これまで多様な農政施策が試みられてきました。その特徴を大まかに分類すれば、自民党農政は、あらかじめ提示した農業構造の展望という政策目標の実現に向けて政策対象を特定の農家に限定した排除・選別型の構造政策を展開してきたといっていいでしょう。それを批判的に総括した民主党農政は、支援対象を意欲ある多様な農家に拡大しながら内発的な構造改革を誘発する現地取り組み重視型の政策へ転換しました。ただ、これについては成果のほどを確認する暇もないまま自民党の政権復帰により「現地マル投げ・バラ撒き型」との批判を浴びながら葬り去られようとしています。

再度登場した自民党政権は、戸別所得補償制度を経営所得安定対策と名称変更した上で、２０１３（平成25）年度に限り一時的に引き継ぐことにしたものの、ＴＰＰへの参加を予定した国際競争力強化という名のもとで、２０１４（平成26）年度以降をめどに株式会社など民間企業の新規参入を促しなが

表7－11　農政の展望

	自民党農政	民主党農政	期待される方向
構造改革	政策対象限定型 （政策目標誘導型 排除・選別型）	政策対象拡大型 （現地取組支援型 マル投げバラ撒き型）	政策対象参加型 （内発モデル支援型 支援効果重視型）
食料自給	食料自給放棄型 （世界食料需給緩和 価格低下傾向）	自給率目標こだわり型 （世界食料需給変動 価格高騰）	自給実績積み上げ型 （世界食料需給不安 食資源争奪の懸念）
ムラづくり	政策対象外 （・山振法等格差対策 ≒選挙対策 ・ムラの機能低下 （村落崩壊））	政策認識対象外 （・自民党農政の継続 ≒選挙対策 ・ムラの機能低下加速 （村落崩壊加速））	抜本的政策転換 （・自民党農政 ≒選挙対策農政の破綻 ・地方分権、地方集権 （新たな公共、 自治機能の実質化））

著者作成

ら、これまで以上に排除・選別型構造改革を推進すると見られています。

ただ、従来型構造改革路線を踏襲・強化したとしても、すでにその骨格が破綻を宣告されたシナリオである以上、これによって農業の持続性確保が可能になるとは考え難いでしょう。過去の反省を踏まえるなら、政策対象を特定農家に限定する排除・選別型や現地マル投げ・バラ撒き型ではなしに、多様な担い手による内発的な取り組みを支援することで持続性確保を促すような参加型構造改革が期待されているように思います。具体的な取り組み事例やビジネスモデルについては後ほど紹介することにして、つぎに食料自給政策について比較してみることにしましょう。

自民党農政も食料自給問題に全く無関心であったわけではありません。１９７０（昭和45）年代初頭のオイルショック・食料危機が世界を駆け巡ったときなどは、急遽「総合食料政策の展開」を取りまとめ食料自給率の向上を図ろうとしたこともありました。ただ、その後食料需給事情の緩和により、いつ

食料自給実績の積み上げが求められている

の間にか農政の表舞台から消え去ってしまいました。

近年もまた、石油や穀物価格の国際的な高騰を契機に食料自給率の向上が農政の課題として再浮上しています。にもかかわらず、自民・民主両政権ともに自給率の向上どころかその低下傾向に歯止めをかけることすらかなわない状態が続いています。たとえ国の計画書に自給率向上の目標値を掲げたりその数値を引き上げたりしたとしても、結果的に全く功を奏しえなかったことからすれば、自民・民主両政権下の農政はいずれも食料自給率放棄型であったと総括せざるをえないでしょう。

これからは、自給率目標設定型政策というよりは、国内農産物の生産と消費が相互にリンクしながら増大することで結果的に自給率の向上につながる、自給実績積み上げ型政策への転換が望まれているように思います。それはまた、農業の持続性確保ができるかどうかにかかっているといっても過言ではありません。

農業を営む場としての農村の持続性確保も避けて

通れない課題です。山間、中山間、平地農村を順次巻き込みながら進展した過疎化・高齢化の波は、今や全国各地でシャッター通りが増えるなど地方都市にまで押し寄せています。これに対して、１９６５（昭和40）年の山村振興法を皮切りに、１９６９（昭和44）年農業振興地域整備法、１９７１（昭和46）年農村地域工業導入促進法、１９８０（昭和55）年過疎地域振興特別措置法、１９９０（平成2）年過疎地域活性化特別措置法、１９９３（平成5）年特定農山村法、１９９５（平成7）年農山漁村滞在型余暇活動促進法、１９９９（平成11）年食料・農業・農村基本法、２０００（平成12）年中山間地域等直接支払制度、２００７（平成19）年農地・水・環境保全向上対策等々に基づく多様な地域振興策が講じられてきました。

ただ、こうした一連の振興策にもかかわらず、農山漁村地域や地方圏の衰退に歯止めがかからないまま、事態はますます深刻化する様相を呈しています。地方分権、地方集権、道州制の導入などいろいろなことが話題に上って久しいですが、具体的な取り組みとなると今ひとつ判然としません。改めて暮らしの拠点を再構築するという視点から、地域社会づくりにチャレンジすることが求められているように思います。

そこで次章では、戦後社会に世直し的改革を突きつけている東日本大震災からの復旧・復興を見据えながら、農業・農村改革の道筋を探ってみることにしましょう。

〈注釈〉

（1）食料・農業・農村基本法：「農業の持続的な発展」、「農村の振興」、「食料の安定的な確保」と「多面的な機能の十分な発揮」が規定され、国民生活の安定的向上と国民経済の健全な発展を目的に１９９９（平成11）年に成立した新しい農業基本法。旧基本法は１９６１（昭和36）年に制定されたもので、我が国の食料・農業・農村をめぐる大きな変化に合わせ抜本的に改革された。施策の総合的かつ計画的な推進を図るため、食料・農業・農村基本計画を策定し、5年ごとに見直しを行っている。（『新・よくわかる農政用語』全国農業会議所）

（2）食料・農業・農村基本計画：食料・農業・農村基本法の基本理念や基本施策を具体化するものとして策定された計画。食料自給率の目標などを含み、おおむね5年ごとに食料、農業及び農村をめぐる情勢の変化を勘案し、施策結果

に関する評価を踏まえ変更を行う。（『新・よくわかる農政用語』全国農業会議所）

（3）農業構造の展望：食料・農業・農村基本法第21条の「効率的かつ安定的な農業経営が農業生産の相当部分を担う農業構造を確立する」との方針を踏まえ、食料・農業・農村基本計画で安定的な「担い手」農家・経営体像を明確にして、望ましい農業構造のビジョンを提示した。

ただし、平成12年及び17年の基本計画策定時に示した「農業構造の展望」においては、基本法第21条に基づき、目指すべき「効率的かつ安定的な農業経営」が農業生産の相当部分を担う「望ましい農業構造の姿」を提示したが、平成22年の基本計画策定時に示した「農業構造の展望」においては、基本計画で示した戸別所得補償制度等による政策の基本的な考え方に立ち、「意欲ある多様な農業者」を支援する政策に抜本的に転換した際の多様な担い手のイメージを提示。（農林水産省）

（4）品目横断的経営安定対策：農業の構造改革を加速化する観点から、これまで品目毎に講じてきた全ての農家を対象とする価格政策を見直し、意欲と能力のある担い手に対象を絞り、経営全体に着目した政策に転換した。（農林水産省）

（5）緑の政策：農業政策として国が交付している助成のうち、公的備蓄や災害救済など生産に結びつかない生産者に対する直接支払などをさし、削減の対象から除外されている。（『新・よくわかる農政用語』全国農業会議所）

（6）黄色の政策：緑や青の政策等の削減対象外の措置を除くすべての国内助成措置で、貿易を歪める政策と位置づけられており、ウルグアイ・ラウンド合意で基準期間（１９８６～１９８８年度）の国内支持総額の20％を、実施期間中（１９９５～２０００年の６年間）に毎年等量で削減することになった。（『新・よくわかる農政用語』全国農業会議所）

（7）認定農業者：農業経営基盤強化促進法に基づいて、効率的で安定した農業経営を目指すため作成する「農業経営改善計画」（5年後の経営目標）を市町村に提出して認定を受けた農業者をいう。

経営改善計画の達成を支援するためスーパーＬ資金などの低利融資制度、税制特例、農地利用集積の支援、基盤整備事業などの各種施策を重点的に実施する。認定は１９９３年から行われており、5年ごとに再認定を受ける。２０１２年より、農林水産省が策定した「新たな農業経営指標」をもとに経営の自己チェックを行うこととされた。少なくとも認定期間の中間年（3年目）と最終年（5年目）には結果を市町村に提出することが求められている。（『新・よくわかる農政用語』全国農業会議所）

（8）特定農業団体：農業の担い手が不足する地域において、農作業受託により農地利用集積をすすめる団体で、①規約を有するなど経営主体としての実態があること、②協業経営を行うこと、③5年以内に法人化する具体的な計画を有すること等、一定の要件を満たすもの。なお、農業経営基盤強化促進法に基づき、特定農業法人が利用設定等により農地を集積するのに対し特定農業法人でない特定農業団体は農作業受託により集積をすすめる。（『新・よくわかる農政用語』全国農業会議所）

（9）スーパーＬ資金：農業経営改善促進資金が正式名称。肥料や種苗代等の購入代にあてる短期運転資金。融資限度額は個人５百万円、法人２千万円（施設園芸および畜産はそれぞれ４倍）。（『新・よくわかる農政用語』全国農業会議所）

（10）集落営農：集落を構成する全農家のうち、おおむね過半の農家が参加し農業生産過程における一部または全部についての共同化・統一化に関する合意のもとに実施される生産活動。分類として共同利用型、作業受託型、協業経営型などがある。（『新・よくわかる農政用語』全国農業会議所）

（11）6次産業：農業生産（1次）、農産加工（2次）に加え、客に農場に来てもらい、果物などのもぎ取りや農作業体験などを通じて加工品の販売やレストランなどのサービス（3次）を提供するもの。「1＋2＋3＝6次産業」で、今村奈良臣東京大学名誉教授が提唱した。（『新・よくわかる農政用語』全国農業会議所）

（12）自給的農家：経営耕地面積が30ａ未満かつ農産物販売金額が50万円未満の農家。（『新・よくわかる農政用語』全国農業会議所）

（13）土地持ち非農家：耕地および耕作放棄地を合わせて5ａ以上所有しているが、経営耕地面積が10ａ未満でかつ農産物販売金額が15万円未満の農家。（『新・よくわかる農政用語』全国農業会議所）

（14）農地法：農地改革の成果を恒久化するとともに、投機目的など不耕作目的の農地取得を防止するため、民法の特別法として１９５２（昭和27）年に制定された法律。２００９年の改正により、農地はその耕作者自らが所有することが最適であると認めて、耕作者の農地の取得を促進しその権利を保護し土地の農業上の効率的な利用を図ることから、耕作者の地位の安定と国内の農業生産の増大を図り、国民に対する食料の安定供給を確保することに、目的を見直した。

農地を売ったり買ったり、貸したり借りたり（権利移動）する場合は、農地法第3条の許可を受けないと民法上の効力が発しないこととされている。また、農地を宅地など農地以外のものに転用する場合も第4条または第5条の許可を受けなければならない。（『新・よくわかる農政用語』全国農業会議所）

（15）経営基盤強化促進法：効率的かつ安定的な農業経営の育成を図るため、育成すべき農業経営の目標を明らかにし、その目標に向けて農業経営の改善を計画的に進めようとする農業者に対して、農用地の利用の集積及びこれらの農業者の経営管理の合理化、農業経営基盤の強化を促進するための措置を総合的に講じることを目的として１９８０（昭和55）年に制定された法律。（農林水産省）

第８章

農業・農村の変革

～震災復興が示唆するもの～

東日本大震災の特徴

東日本大震災の特徴を阪神・淡路大震災と比較してみると、阪神・淡路は都市（中心部：発展領域）型で東日本は農漁村（周辺部：限界領域）型でした。死亡、行方不明者の数や漁船、漁港、農地等の被害や全体の被害額も東日本のほうが抜きん出ています**（表8－1）**。

東日本の農漁村地域の多くは震災以前から衰退・マイナー化を余儀なくされてきました。太平洋沿岸部のこうした地域が大津波に襲われ、多くの集落が一瞬のうちに消滅しました。雑草の陰にコンクリートの土台だけが垣間見える荒漠たる光景が、今なお被害の甚大さを物語っています。東日本大震災は農業・農村の衰退傾向を一挙に壊滅状態にまで早送りしたかのようでした。こうした農業・農村を、復旧・復興しようというわけですから、一筋縄でいくはずはありません。戦後過程における排除の論理が

表8－1　阪神・淡路大震災と東日本大震災の被害の比較

	阪神・淡路大震災	東日本大震災
類型	阪神・淡路大震災 ‖ 都市(中心部:発展領域)型	東日本大震災 ‖ 農漁村(周辺部:限界領域)型
死亡	6,434人	19,074人
行方不明	3人	2,633人
漁船	40隻	28,612隻
漁港	17	319
農地	213.6ha	23,600ha
被害額	9.9兆円	16兆9千億円

資料：阪神・淡路の数値はhttp//ja.wikipedia.org/、東日本大震災の人的被害は平成26年9月1日現在の数値で、消防庁「東日本大震災について(第150報)」平成26年9月10日による。漁船、漁港、農地は平成24年3月5日現在の数値で農林水産省「東日本大震災と農林水産業基礎統計データ(改訂版)」平成24年6月による。被害額は内閣府「東日本大震災における被害額の推計について」平成23年6月24日による。

集約されている限界領域を、何らかの形で社会に根付かせるのは至難の業だからです。このことを念頭に置きながら、仙台市東部地域の事例に基づき、参加型改革による農業・農村・復興の道筋について検討してみたいと思います。

農地および農業関連施設の被害

農地の被害状況を見ると、青森から千葉にかけて６県の農地の流・冠水等被害面積は東京ドーム５０００個分に相当する２万３６００haに及んでいます。最も多いのは宮城県の１万５０００haで、そのうち亘理町が２７１１ha、ついで仙台市が２６８１haと続いています。営農再開の必需品であるトラクター、田植え機、農業用ハウス等はもとより揚水機場、用排水路、農道など農業インフラの多くも流失・破損しました（**表８－２**）。被害額は宮城県に限っても２０１４（平成26）年12月10日現在で９兆２２２３億円、うち農林水産関係が１兆２９５２億円（14％）、農地、農業施設、農作物など農業関係が５４５０億（５・９％）となっています（**表８－３**）。とりわけ致命的だったのは、海抜ゼロメートル地帯農業の生命線である排水機場が仙台市だけでも４カ所とも壊滅したことです。

排水機場４基のうち２基は昭和30年代、他の２基は昭和60年代に設置されたもので、当時の資料によれば建設工事費は単純に合計した当時の金額で20億円ほどでした。新設するにあたっては、震災で地盤沈下している水田が多いことから、排水ポンプの能力アップ、新設地盤の嵩上げ、設置場所の移動等も必要になるといわれていました。難題を抱え、しばらく仮設でしのいでいた排水機場の新設工事は、幸いにして今、復興に向けた工事が２０１５（平成27）年６月の完成をめどに２００億円近くの国費を投じて進められ、同年３月末の工事完了率は77％となっています。

表8－2　津波による被害農地推定面積

（単位:ha）

地域名			耕地面積（平成22年）	農地の流失・冠水等被害推定面積	被害面積率(%)	推定面積の田畑別内訳の試算 田耕地面積	推定面積の田畑別内訳の試算 畑耕地面積
青森県			156,800	79	0.1	76	3
岩手県			153,900	1,838	1.2	1,172	666
宮城県			136,300	15,002	11.0	12,685	2,317
福島県			149,900	5,923	4.0	5,588	335
茨城県			175,200	531	0.3	525	6
千葉県			128,800	227	0.2	105	122
合計			900,900	23,600	2.6	20,151	3,449
宮城県	太平洋岸市町村	気仙沼市	2,220	1,032	46.5	583	449
		南三陸町	1,210	262	21.7	163	99
		石巻市	10,200	2,107	20.7	2,010	97
		女川町	25	10	40.0	4	6
		東松島市	3,060	1,495	48.9	1,314	181
		松島町	1,030	91	8.8	89	2
		利府町	471	0	0.0	0	0
		塩竈市	73	27	37.0	8	19
		多賀城市	365	53	14.5	53	0
		七ヶ浜町	183	171	93.4	102	69
		仙台市	6,580	2,681	40.7	2,539	142
		名取市	2,990	1,561	52.2	1,367	194
		岩沼市	1,870	1,206	64.5	1,049	157
		亘理町	3,450	2,711	78.6	2,281	430
		山元町	2,050	1,595	77.8	1,123	472
	太平洋岸市町村計		35,777	15,002	41.9	12,685	2,317
	宮城県計		136,300	15,002	11.0	12,685	2,317

資料:農林水産省、平成23年3月29日

注1）耕地面積は、平成22年度耕地面積(田畑計)である。
2）流失・冠水等被害推定面積は、地震発生前の農地が撮影されている人工衛星画像を基に、東北地方太平洋沖地震の浸水範囲概況図(国土地理院)等の資料を活用しながら目視判断により、農地が流失又は冠水したと思われる農地を推定して求積した。なお、今回被害面積を推定した浸水範囲以外の地域においても地割れ、液状化等の被害が発生しているが、これらの被害面積については現在調査中のため今回の数値には含まれていない。
3）被害面積求積は農地集団ごとに求積しており一部水路や細い農道等も含まれる。
4）推定面積の田畑別内訳の試算については、過去の調査結果による当該地域の田畑比率等から推計した。

参考:仙台平野の被害状況・トラクター、田植機2,400台流失・破損−営農再開必需品、・用水機場、用水路農道の破壊—不可欠な農業インフラ、・排水機場4箇所壊滅—海抜ゼロメートル水田の生命線—
資料:仙台市

表8－3　東日本大震災による被害額（平成26年12月10日現在）

単位 ： 千円

項　目			金　額
交通関係 10,323,204	鉄道	阿武隈急行	386,980
		仙台臨海鉄道	1,745,000
		仙台市営地下鉄	1,250,000
		日本貨物鉄道	5,213,063
	バス	市営バス・宮城交通等	1,318,000
	離島航路	塩竈市営汽船等	410,161
ライフライン施設 239,352,098	水道	上水道・工業用水道	83,824,698
	電気，都市ガス，通信・放送等		155,527,400
保健医療・福祉関係施設 51,772,147	医療機関等		34,244,775
	民間等社会福祉施設等		17,527,372
建築物	住宅関係		5,090,424,061
民間施設等 990,617,000	工業関係		589,490,000
	商業関係		144,937,000
	自動車・船舶（漁船を除く）		256,190,000
農林水産関係 1,295,225,545	農業関係（農地，農業施設，農作物等）		545,396,810
	畜産関係（畜舎，家畜，畜産品等）		5,009,460
	林業関係（林道，林地，治山施設，林産物等）		55,117,016
	水産業関係（水産施設，漁港，漁船、水産物等）		680,382,645
	その他（船舶，水産技術総合センター等）		9,319,614
公共土木施設（仙台市含む）・交通基盤施設 1,256,821,000	高速道路		1,242,000
	その他道路，河川等		1,244,401,000
文教施設	県立学校，市町村立学校，大学等		206,169,285
廃棄物処理・し尿処理施設			5,406,747
その他の公共施設等	観光施設，消防，警察等		76,180,334
合　　計			9,222,291,421

資料：宮城県「東日本大震災による被害額（平成26年12月10日現在）」

失われた仙台平野の景観

仙台平野独特の景観をなす屋敷林は「居《い》久《ぐ》根《ね》」と呼ばれ、多くの人々に親しまれてきました。家を意味する居（イ）と境界を意味する久根（クネ）で屋敷境を表したのが語源だといわれています。文字どおりに読めば、そこに久しく根を張って居住するための暮らしの砦といった解釈もできそうです。歴史は中世にまで遡るとのことですが、近年、都市化の進行により減少する傾向にありました。

それでも仙台市若林区を中心に懐かしい景観は数多く残っていました。居久根の樹木はスギやタケが比較的多いものの50種類以上もの樹種

居久根の例（仙台市若林区長喜城。2001年）

震災の被害を免れる（同じ場所。2015年11月）

が観察されるなど多岐に及んでいます。その役割は防風、防砂、防潮、防災のほか肥料、燃料、柿・栗・梅・胡桃の供給などさまざまだったといわれています。写真に掲載した代表的な居久根である若林区の長喜城《ちょうきじょう》は、高速自動車道（東部道路）が防波堤となって津波による甚大な被害を免れました。ただ、沿岸部に近い居久根は住居もろとも壊滅してしまいました。

人々の暮らしとともにあった居久根は、日頃さして気にもとめない存在だったようです。壊滅したことで懐かしい光景が人々の気持ちの中に蘇ったのでしょう。「復興するなら居久根も欲しい」との声が少なからず聞こえてくるからです。そこにはまた、失われた暮らしを取り戻したいという被災地の人々の切実な思いが込められているに違いありません。

被災農家を見限る復興ビジョン

「東日本大震災復興基本法」、復興構想会議の「提言」、「東日本大震災復興基本方針」、「農業・農村の復興マスタープラン」、「東日本大震災復興特別区域法」など、矢継ぎ早に出された国の復興シナリオから見えるのは、高付加価値化、低コスト化、農業経営の多角化をキーワードとする農業・農村の復興ビジョンであり戦略です。

「復興基本方針」の高付加価値化戦略は、農業者に対する資本強化策の構築等による6次産業化、被災地ブランドの再生、環境保全型農業の推進などが列記されています。資本強化策について「復興マスタープラン」には、この際、被災地の農林漁業者等が単独で経営を再開し、かつ6次産業化に取り組むことは困難な場合もあることから、他の事業者と連携を図ることにより被災地のブランドの再生、創造を図ると、より具体的に記されています。低コスト化戦略は、農地の大区画化や利用集積等による競争力のある農業の実現などです。

このため「復興マスタープラン」では、集落・地域レベルでの話し合いに基づき、地域の中心となる経営体への農地集積、今後の地域農業のあり方等を定めた経営再開のマスタープランの作成など、各種の支援策を盛り込んでいます。農業の多角化戦略は、復興ツーリズムの推進、再生可能エネルギーの導入、福祉との連携、高齢者や女性等の参画による所得と雇用の創出など、多岐に及んでいます。ただ「復興マスタープラン」には、農業経営の多角化戦略について関連する指摘が散見されるものの、まとまった形での記載はありません。

国の計画と並行して宮城県や仙台市でも「宮城県震災復興計画」、「みやぎの農業・農村復興計画」、「仙台市震災復興基本計画」などが相次いで策定・公表されました。そこに見られる農業・農村の復興ビジョン・戦略は国のそれとさほど変わりません。

例えば「宮城県震災復興計画」では先進的な農林業の構築というタイトルで、農業は震災以前と同様の土地利用や営農を行うことは困難ゆえ、農地の面的な集約や経営の大規模化、6次産業化などのアグリビジネスの推進、競争力のある農業の再生を図るとしています。国の計画のような他の事業者と連携という曖昧な表現ではなしに、民間投資を活用したアグリビジネスの振興を掲げ、検討すべき課題として農業の活性化を可能にする民間投資の拡大を明記しています。

これが「みやぎの農業復興計画」になると、新たな担い手の参入促進という項を設け、震災により、農業者の多くは営農基盤を喪失し、二重ローン問題等で営農意欲の減退が懸念されているので、企業の農業参入を促進し、民間活力を活かした地域農業の再生と活性化を図ることが求められているとして、企業の新規参入を促す研修、土地情報の収集と紹介、資金力の活用等々にまで言及しています。

「宮城県復興計画」の特徴は、国のシナリオ以上に民間活力の導入を強調し、農外資本への門戸開放に踏み込んでいることです。これに関連して宮城県は、税制上の特例措置を活用して民間投資を呼び込むため、民間投資促進特区の創設を国に申請し、復興庁発足の前日、認定書が交付されました。

「仙台市復興計画」では、津波で被災した仙台市東部地域を「農と食のフロンティアゾーン」として位置づけ、農業経営の見直し、市場競争力のある作物

表8－4　被災現場と距離がある復興ビジョン

被災で営農基盤・営農意欲喪失
↓
震災以前への復帰、
農業者単独での営農再開…困難
↓
民間活力（農外資本）導入による
抜本的農業改革のチャンス
↓
高付加価値化、低コスト化、6次産業化を
キーワードとする競争力・効率重視の構造改革
↓
被災農家排除型惨事便乗シナリオ

国の復興基本計画

東日本大震災復興基本法公布 23/6/24
東日本大震災復興への提言 復興構想会議 23/6/25
東日本大震災復興基本方針 復興対策本部 23/7/29
農業・農村の復興マスタープラン 23/8決定、11改訂

宮城県の復興計画

宮城県震災復興基本方針（素案） 23/4/11
宮城県震災復興計画　最終案公表　23/8/17
宮城県震災復興計画策定　23/10/18

仙台市の復興計画

仙台市震災復興基本方針　23/4/1
仙台市震災復興ビジョン　23/5
仙台市震災復興基本計画　23/11/30

みやぎの農業・農村復興計画―平成23年10月

「震災により、沿岸部を中心に農業者の多くが営農基盤を損失しました。」
「また、営農再開にあたっては、新規投資が必要とされ、いわゆる二重ローン問題が課題となり、離農や営農意欲の減退が懸念されています。」
「農業の復興のためには、民間の資金力の活用が必要であると考えられることから、企業の農業への新規参入を促進し、地域農業の再生と活力化を図ることが求められます。」

著者作成

への転換、6次産業化などを推進するとしています。

これを踏まえて仙台市は農業関連産業の進出や大規模生産への設備投資などの際に税を減免し、農地の集約化と大規模化、経営の抜本的見直し、6次産業化など国内農業が直面する課題に先駆的に取り組むため、「農と食のフロンティア特区」を国に申請しました。

このように、文言上の多少の違いを別とすれば、国や自治体の復興ビジョン・戦略は、驚くほど似かよっています。今、国、県、市町村の復興計画を宮城県、仙台市を例に時系列的に整理し、そこから読み取れる復興シナリオのエッセンスを抽出してまとめてみると、国が2011（平成23）年7月「東日本大震災復興基本方針」、8月「農業・農村の復興マスタープラン」を公表したあと、8月「宮城県震災復興計画」最終案、10月「みやぎの農業・農村復興計画」、11月「仙台市震災復興基本計画」が策定・公表されています。興味深いのは、国のビジョンに追随するかのように県、市のビジョンが公表されて

いることです。

シナリオの前提となっているのは「震災で大半の農家は営農基盤・営農意欲を喪失した」という共通認識です**（表8－4）**。おのずとその後の筋書きは、「農業者単独での震災以前への復帰や営農再開は困難」なので「農外資本等民間活力の導入による抜本的農業改革」を推進しなければならないとなってしまいます。

復旧・復興のキーワードも「高付加価値化、低コスト化、6次産業化による競争力・効率重視の構造改革」と横並びです。ナオミ・クライン著『ショック・ドクトリン』の翻訳者の表現を借りれば、国、県、市町村とトップダウンで流れてくる被災農家排除型「惨事便乗シナリオ」といわれてもいたしかたないでしょう。「営農の再開」を望む多くの被災地の人々の切実な意向を丁寧に汲み上げながら構築するビジョンとは、ほど遠いものだといわざるをえません。

営農継続希望が強かった被災農家

震災直後、仙台市が沿岸部の被災農家600戸近くを対象に「営農継続意向」について聞き取り調査を実施しています。その結果によれば「営農を継続したい」が77・4％と8割近くに及んでいます。これに対して「規模拡大」、「規模縮小」は8％程度、「止めたい」、「分からない」も11％程度です**（図8－1）**。その半年後、2180人を対象に東北農政局が基盤整備事業の合意形成に向けて実施した「被災地域の農地所有者への意向調査」を見ても、「営農を継続もしくは再開したい」が7割近くを占めています**（図8－2）**。

仙台市の調査よりも「営農継続」が1割ほど下回り、逆に「止めたい」が1割ほど上回っているのは、すでに対象地域に居住していない土地持ち非農家も調査対象に含まれていたからでしょう。仙台市の調査にはこうした農家が含まれていません。

図８－１　被災農家への意向調査結果

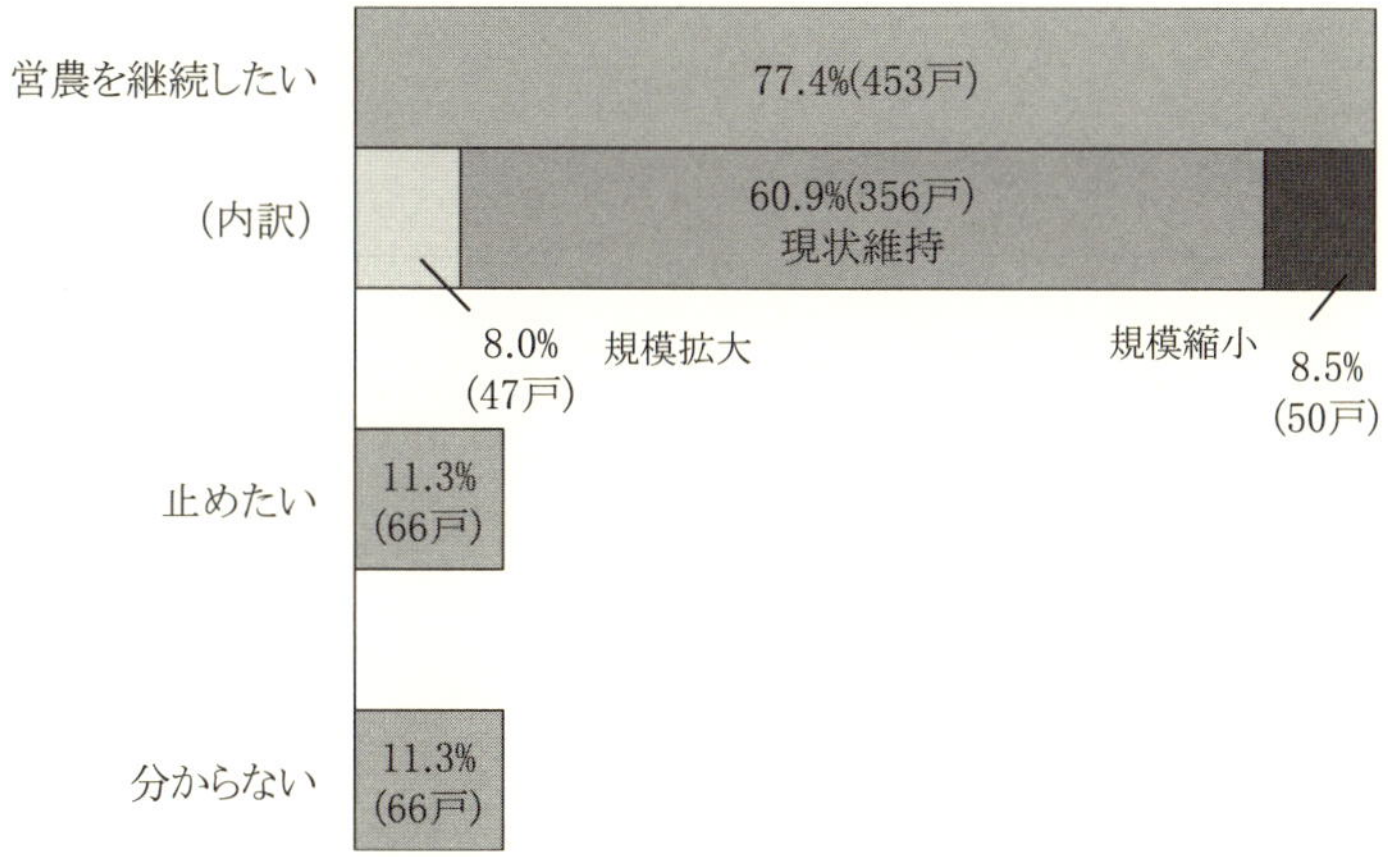

調査期間:平成23年4月28日～7月31日
調査方法:調査員による個々の面接調査
調査対象: 津波被災地に居住する農家
調査実施件数:585戸(対象者の60.8%)
調査地区:仙台市「六郷地区」、「七郷地区」、「高砂地区」

資料:仙台市東部地区農業災害復興連絡会

図８－２　被災地域の農地所有者への意向調査結果

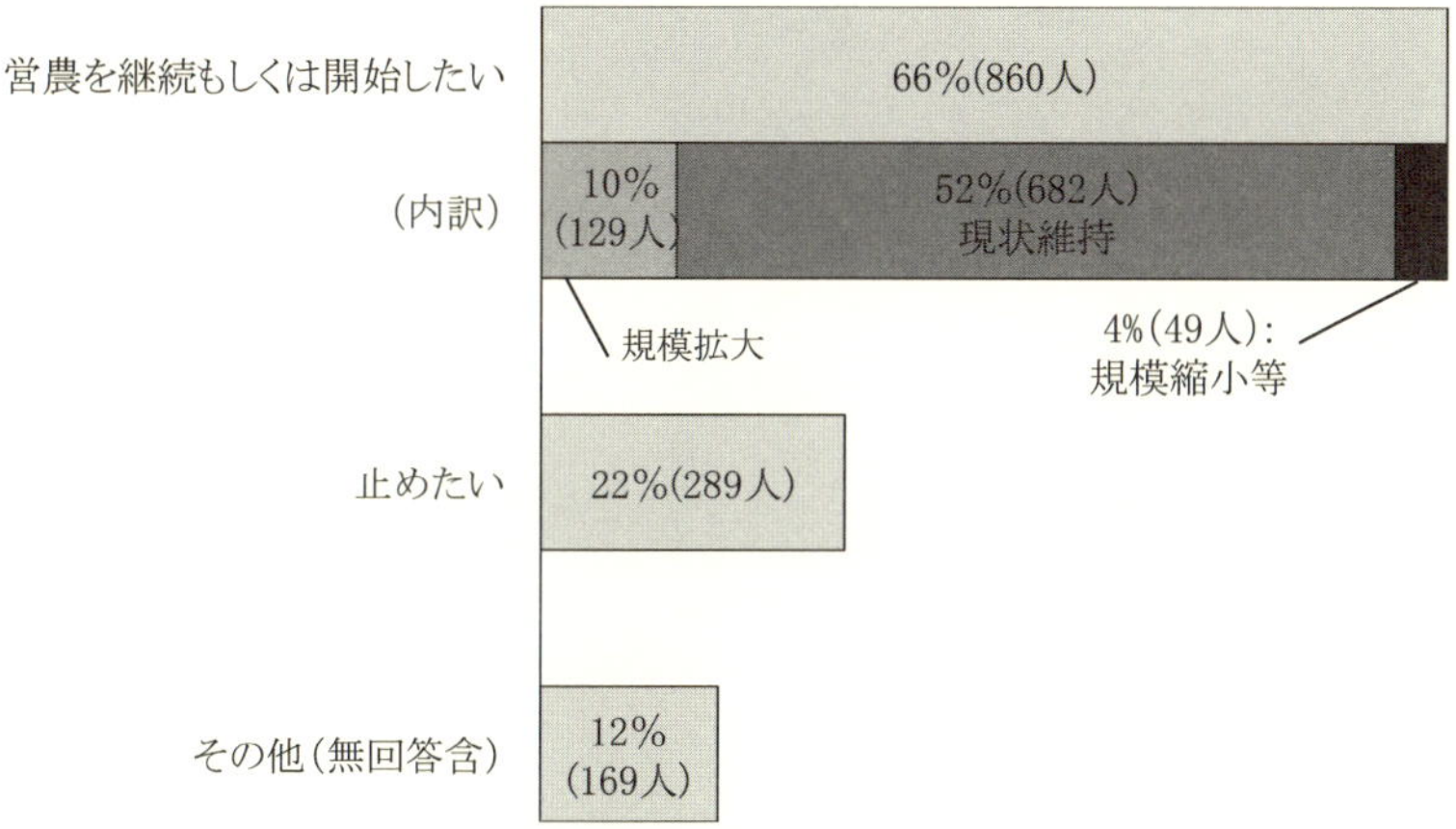

調査期間:平成23年11月15日～12月9日
調査対象者: 2,180人(津波被災地域に農地を所有する方)
調査地区:仙台市東部地区の国直轄事業による圃場整備予定地域

資料:東北農政局

図８－３　圃場整備事業への参加意向

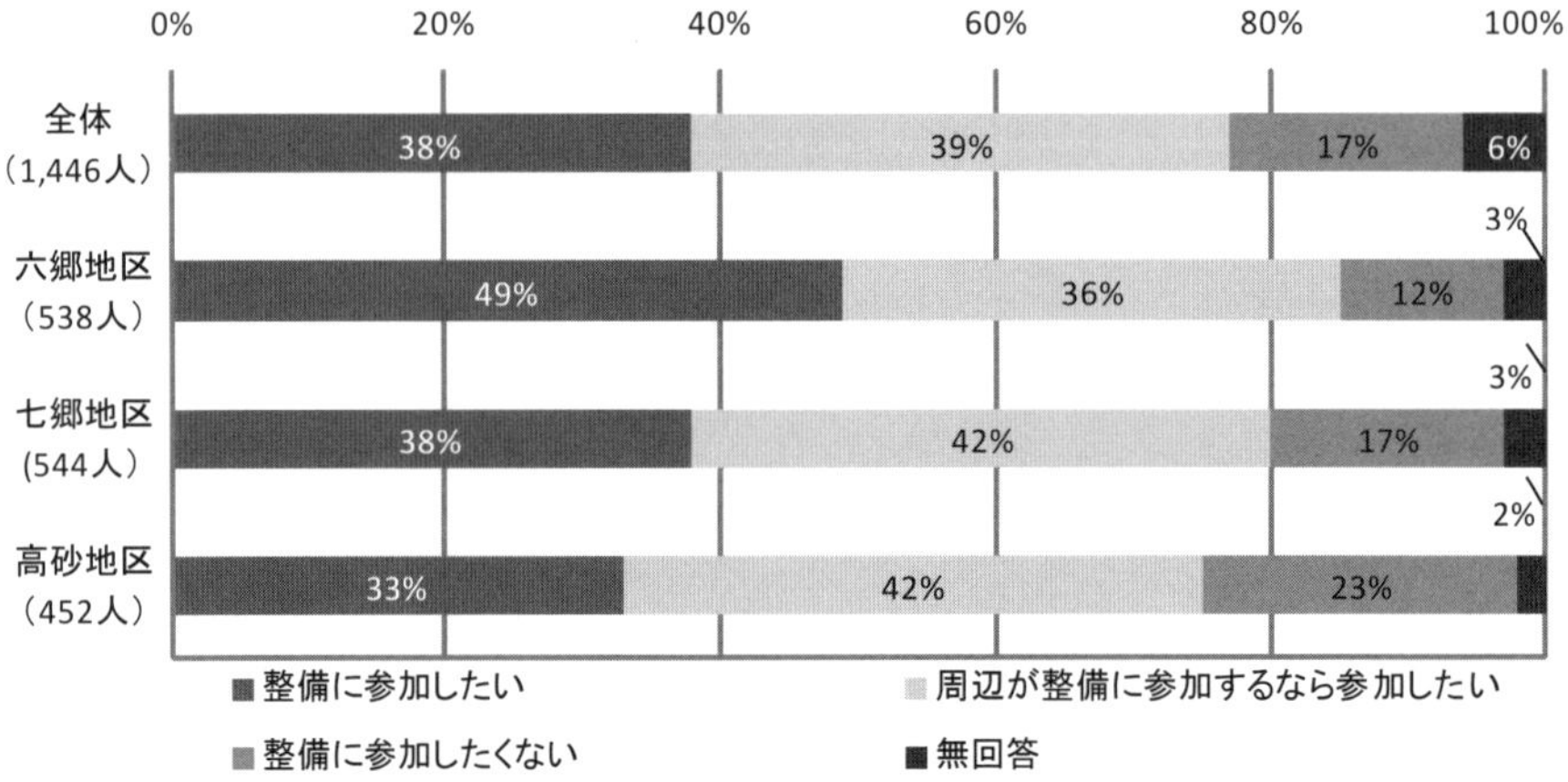

資料:東北農政局

いずれにせよ「農業者の多くがその意欲を減退」したという復興ビジョンの想定は、現実を読み違えた、もしくは意図的に読み違えた結果だといわれてもいたしかたないでしょう。復旧・復興の最優先課題は、多様な農家の「営農継続」意向に応えるボトムアップ型の復興計画であり、その実践であったに違いありません。

地権者が要望した多様な区画

復興ビジョンが掲げる「競争力・効率重視の構造改革」を推進する上で大区画圃場整備は欠かせません。仙台市沿岸部の被災農地についても圃場整備事業の実施に向けた取り組みが始まりました。東北農政局が地権者を対象に行ったアンケート調査結果によれば、「整備に参加したい」、「周辺が整備に参加するなら参加したい」を合わせて参加意向が77％と事業実施要件である地権者３分の２以上の同意を超えています（**図８－３**）。

図８－４　圃場の整備内容への期待

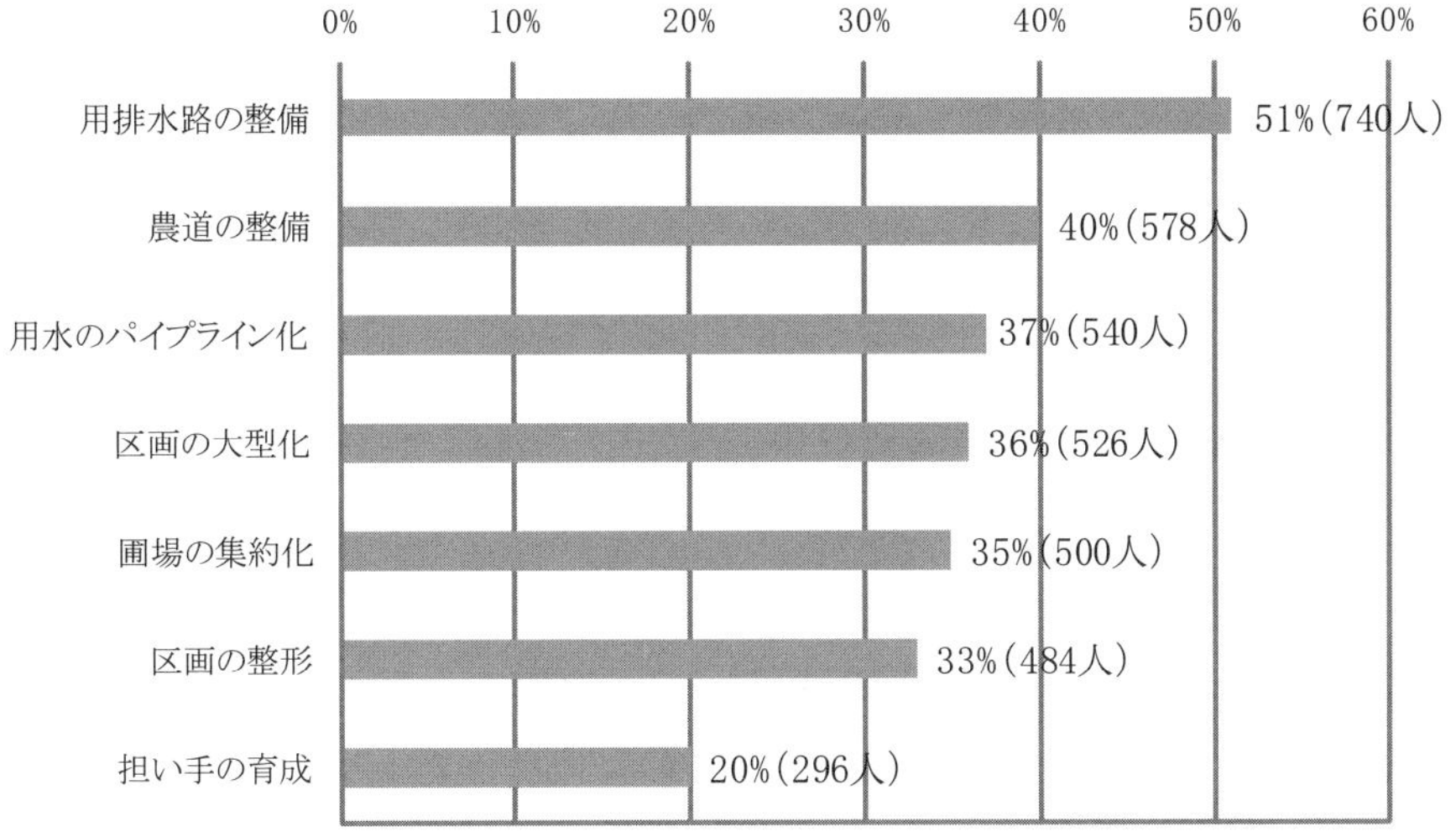

資料:東北農政局

いまだ10ａ区画の水田圃場が大半を占める六郷地区などは「参加したい」が85％と他地区を上回っています。営農継続意向調査の実施にあたっては調査用紙の冒頭に「被害が甚大な農業者の負担を考慮し、国・県・市による全額公費の負担により、迅速かつ円滑に事業を実施していきたいと考えています」という文言が記載されていました。六郷地区などは過去に3回ほど圃場整備事業を拒否した経緯があります。このことにかんがみるなら、受益者負担ゼロの措置が圃場整備への参加意向を高めたことは否めないでしょう。

ただ、いかに被災地とはいえ私有財産である農地の整備を全額公費負担で実施することについては異論もありました。記者会見の席上この点を指摘したある記者の質問に対して、仙台市長はさしたる根拠を示すこともなく「今回は私の判断でやります」とだけ回答しています。これだと今回はそうでも「次からどうする」、「隣接地域はどうなる」といった連鎖反応を招き、将来に禍根を残さないとも限りません。なお検討を要する措置だと思います。

図８－５　区画の大きさに対する要望

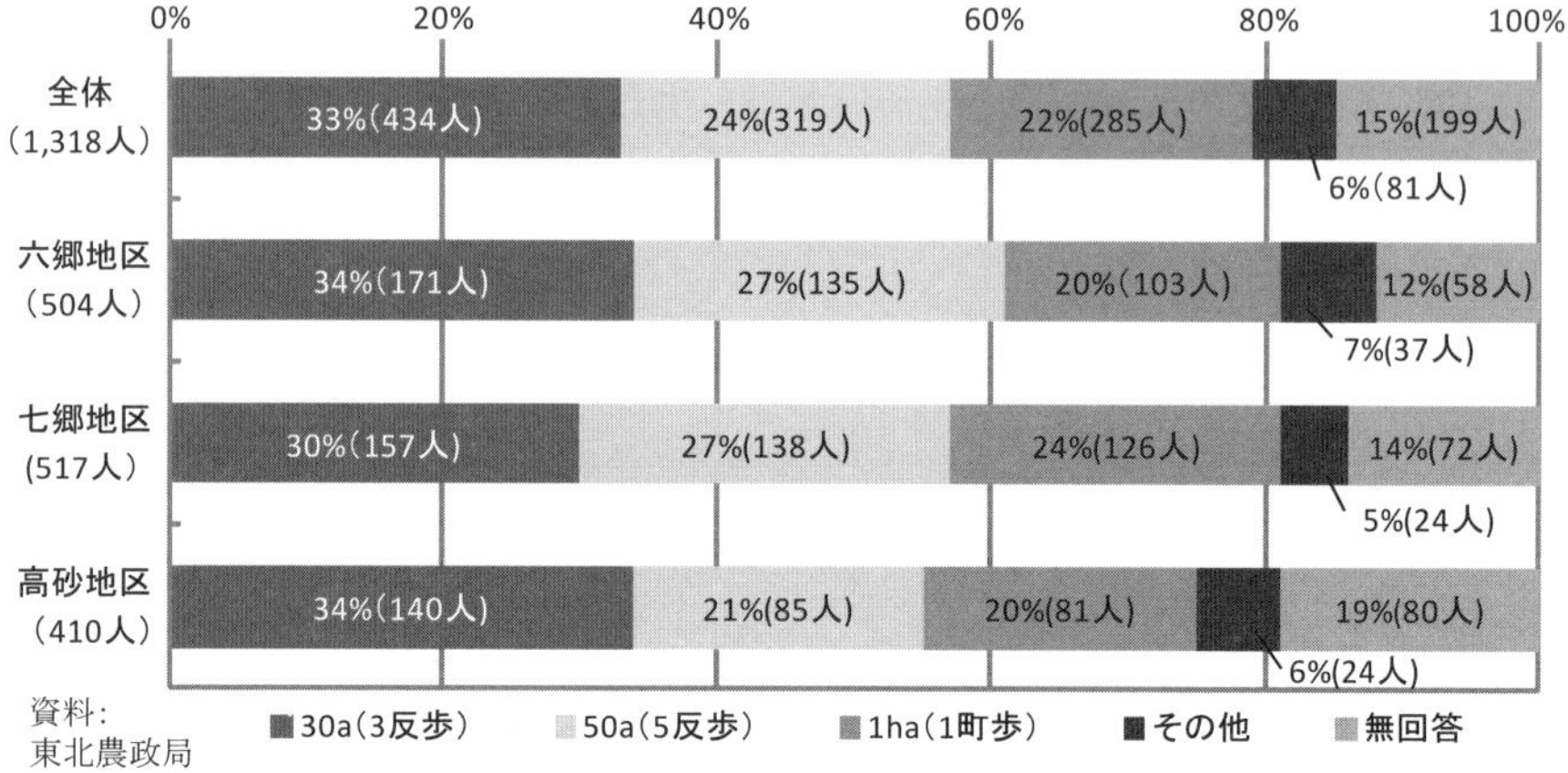

表８－５　圃場区画の形状

工区名	面積ha(%)	標準区画	備考
仙台東	481(25.2)	1.0ha (145m×70m) 水田	①大区画の形状は、 【高砂・七郷地区の場合】 ・畦畔除去方式で90a(100m×90m)を基本(地元要望に応じ60aも考慮)として計画。 【六郷地の場合】 ・1ha(145m×70m)を基本(地元要望に応じ50aも考慮)として計画。 ②区画配置は、広範な水田地帯には大区画(約70%)を、集落周辺などには30a区画(約30%)として計画。 ③大区画化にあたっては、地形勾配を勘案し均平区を設ける。
	808(42.3)	0.9ha (100m×90m) 水田	
	211(11.1)	0.3ha (145m×21m) 水田	
	307(16.1)	0.3ha (100m×30m) 水田	
	62(3.2)	0.3ha (145m×21m) 畑	
	40(2.1)	0.3ha (100m×30m) 畑	
計	1,909(100.0)		

資料：東北農政局「国営仙台東土地改良事業計画概要書」平成24年8月

被災後の復旧した農地（仙台市若林区。2015年９月）

表８－６　津波被災農業経営体の営農再開状況

単位｛実数:経営体　割合:　%｝

	津波被害のあった農業経営体数	H26.2.1現在で営農を再開している農業経営体数	営農を再開していない農業経営体数（不明を含む）	営農再開割合	参考	
					H25.3.11現在営農再開割合	H24.3.11現在営農再開割合
３県計	9,370	4,840	4,540	51.6	45.9	35.3
岩手県	480	260	220	53.9	48.3	18.9
宮城県	6,060	3,910	2,150	64.5	57.8	45.2
福島県	2,840	670	2,170	23.6	20.1	17.1
仙台市	840	570	270	67.9	56.0	36.9

注：福島県の「営農を再開している農業経営体」には、実証栽培を含めている。
資料：農林水産省「被災３県における農業経営体の被災・経営再開状況—平成26年２月１日現在」平成26年３月

整備内容については「用排水路の整備」への期待が51％と最も多く、ついで「農道の整備」40％、「用水のパイプライン化」37％、「区画の大型化」36％、「圃場の集約化」35％、「区画の整形」33％、「担い手の育成」20％と続いています（**図８－４**）。「競争力・効率重視の構造改革」が想定する「区画の大型化」や「圃場の集約化」より「営農継続」にとって当面必要な「用排水路の整備」や「農道の整備」などの優先度が高くなっています。「担い手の育成」が最下位なのは、それだけ「営農継続」希望農家が多いからでしょう。

圃場区画の大きさに対する要望を見ても、最も多いのは30ａ区画で３割強、ついで50ａ区画の３割弱と続き、１ha区画に対する要望は２割程度しかありません（**図８－５**）。ここにも営農継続希望農家の現実的な意向が反映されていると考えていいでしょう。このため、東北農政局サイドも地区ごとの事情を踏まえた30ａ、50ａ、60ａ、90ａ、１００ａ区画案を提示することで地権者の合意形成を促したといわれています（**表８－５**）。その結果、大区画圃場

表８－７　津波被災農地の営農再開可能面積

単位：ha,%

	津波の被災農地面積	H26年営農再開可能面積	営農再開可能面積割合	参考	
				H25年可能面積割合	H24年可能面積割合
3県計	20,529	14,110	68.7	59.9	35.3
岩手県	725	450	62.1	35.9	22.9
宮城県	14,341	12,030	83.9	75.6	46.5
福島県	5,462	1,630	29.8	24.7	8.4
仙台市1	2,115	1,540	72.8	63.4	23.2
仙台市2	1,800	1,540	85.6	74.4	27.2

資料：津波の被災地面積は農林水産省「東日本大震災に伴う被害農地の復旧完了面積（平成24年3月11日現在）」平成24年4月20日による営農再開可能面積は農林水産省「農業・農村復興マスタープラン」（平成26年6月20日改訂版）による。仙台市1は被災農地面積を上記資料に基づき2115haとし、仙台市2および営農再開可能面積は東北農政局「農業・農村の復旧・復興に向け東北農政局などの取組状況」平成26年11月による。

一辺倒の考え方は若干修正されたものの、地権者の意向とは大分距離のある区画整理事業が今、27の用水ブロック単位に順次実施されています。これが全額公費負担事業とすることで暗黙のうちに農家の意向を押し切った結果だとすれば、今後の農地利用調整等に難しい問題を残すことになりかねません。

農地の復旧と営農再開の進捗状況

２０１２（平成24）年から２０１４（平成26）年にかけて岩手、宮城、福島各県の津波被害のあった農業経営体の営農再開状況を見ると、３カ年間の被災経営体の営農再開割合は順次増加し、２０１４年２月現在で岩手53・９%、宮城64・５%、福島23・６%、３県計51・６%となっています。仙台市に限ってみれば67・９%と宮城県平均をやや上回っています（**表８－６**）。

ただ、この統計の営農再開の規定は「農業被害のあった農業経営体のうち、東日本大震災以降、調査

図8－6　被災農業経営体と営農再開経営体

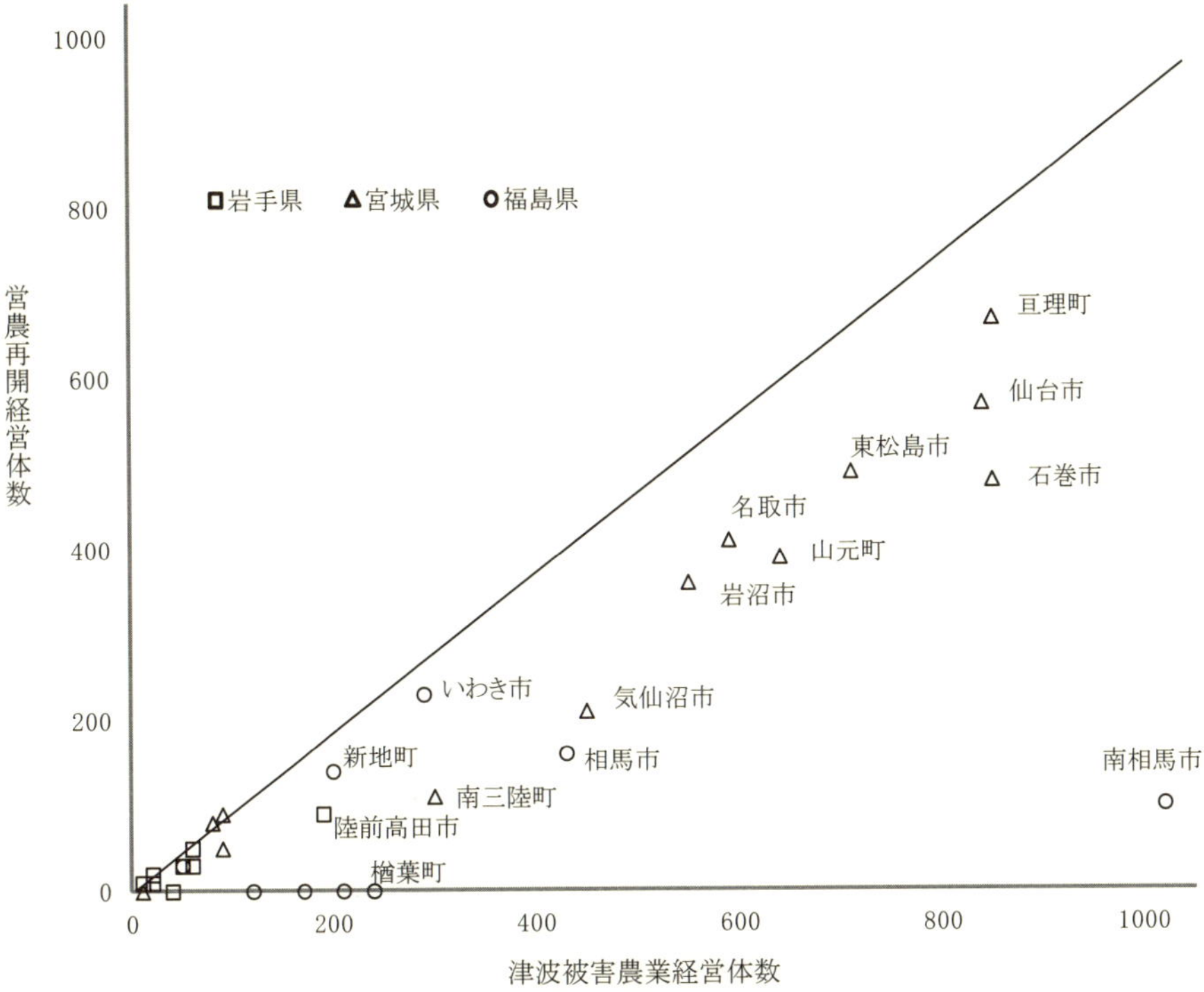

資料：津波の被災地面積は農林水産省「東日本大震災に伴う被害農地の復旧完了面積（平成24年3月11日現在）」平成24年4月20日による。営農再開可能面積は農林水産省「農業・農村復興マスタープラン」（平成26年6月20日改訂版）による。仙台市1は被災農地面積を上記資料に基づき2115haとし、仙台市2および営農再開可能面積は東北農政局「農業・農村の復旧・復興に向け東北農政局などの取組状況」平成26年11月による。

日時点（2014年2月1日現在）までに営農を行っている、または行っていた農業経営体とし、農業生産過程の対象作業またはその準備を一部でも再開した農業経営体で、被害のあった農業生産基盤、設備が未復旧である農業経営体を含む数」と規定されています。「作業の準備を一部でも再開」した経営体も含まれているため、文字どおりの営農再開経営体はこの数値を下回るでしょう。現地の人々が考える営農再開と大きなギャップがあるのは、こうしたデータのとり方に起因しているようです。加えて、当初77・4％と8割近くに及んだ営農継続農家の意向は、いまだ多くが満たされるまでに至っていません。

　つぎに津波で被災した農地の営農再開可能面積割合（**表8－7**）を営

表8－8　営農を再開できない理由―複数回答

単位：％

	生活拠点が定まらない（原発事故の影響による場合を除く）	耕地や施設が使用（耕作）できない（原発事故の影響による場合を除く）	農機具が確保できない	農業労働力が足りない	営農資金に不安がある	原発事故の影響	その他（病気やケガ等）
3県計	6.9	15.6	6.8	1.2	4.8	86.4	0.3
岩手県	60.1	98.7	31.0	－	37.6	－	0.6
宮城県	34.9	94.3	38.3	2.6	21.1	－	3.7
福島県	2.9	6.1	3.2	－	2.4	96.9	－
仙台市	87.7	12.3	68.9	1.1	30.1	－	－

資料：農林水産省「被災3県における農業経営体の被災・経営再開状況―平成26年2月1日現在」平成26年3月

農再開割合と比較してみると、福島県以外の各県および3県計とも2014年の営農可能面積割合が営農再開割合を10～20％近く上回っています。文字どおりの営農再開となれば、両者のギャップはこれ以上でしょう。しかも両者のギャップは年次を経るにつれて広がる傾向が見られます。仙台市の場合も営農再開可能面積割合72・8％に対して営農再開割合は67・9％と下回っています。

3県の市町村単位で比較して見ても、概して被災経営体が多いところほど同様の傾向が見られます（図8－6）。単純に考えれば、農地の復旧にもかかわらず営農を再開できない農家がそれだけ多いことを物語っています。

営農を再開できない理由を見ると、福島県は「原発事故の影響」が大半を占めていますが、岩手・宮城の両県は「耕地や施設を使用できない」が9割以上に及んでいます。いまだに「生活拠点が定まらない」、「農機具が確保できない」、「営農資金に不安がある」という項目も目立っています。仙台市の場合は「生活拠点が定まらない」が87・7％、ついで

「農機具が確保できない」が68・9%です（表8－8）。

このように、福島県の「原発事故の影響」はもとより、たとえ農地の利用が可能になったとしてもいまだ各県、各地域とも営農再開の基礎的条件に恵まれない被災農家が数多くいます。こうした農家を安易に見限ることのない、参加型の復旧・復興に取り組んでいくことが望まれているといっていいでしょう。

参加型改革による被災地農業復興モデル

被災農家の強い営農継続意向を活かす参加・棲み分け型の改革を推進するためには、農地利用調整が必要になります。大規模農家や経営体に農地を集積するためだけではありません。多様な農家が棲み分け的に居場所を確保しながら、地域内の農地をあたかも一農場のごとく利用できるようにするためです。

2014（平成26）年度から新規に導入された「農地中間管理事業」など、使える手法はいくつかあります。農村現場でも、農地の利用を第三者に無条件で委託するような事例が数多く見られるようになりました。そうした地域には、必ずといっていいほど一定地域内の農地の利用を面的に調整する仲介組織が存在します。農家個々の私的契約行為にゆだねるだけでは、農地の分散利用を避けられないからでしょう。

仲介組織は「農地利用円滑化団体」、県や市町村の「農業公社」、「農業委員会」、「JA組織」、「地域ぐるみの集落営農組織」などさまざまあり、必ずしも一律ではありません。ただ、将来的に面的利用を推進しようとすれば、農地の中間保有機能を有する組織のほうが望ましいでしょう。仲介組織が地権者から利用権設定等で預かり中間保有している農地を、利用目的に応じてゾーニング（土地利用計画で空間を用途別に分けて配置）した上で利用希望者に再配分（転貸）することができるようになるからです。

農事組合法人によるトマトのハウス栽培（仙台市若林区）

こういうやり方が成熟していけば、「仲介組織」は「信託」という形で集積した農地を有効利用する「農地信託会社」のような役割を果たすことになると思われます。農地信託は今でも制度上可能だし、そのほうが所有と利用を分離しながら農地利用改革を推進していくことができるからです。

そこで今、被災地域を例に農地信託を活用した農業復興モデルを提示し、その図柄を描いてみました**（図8－7、図8－8）**。かいつまんで説明すると、まずは農地面積100ha程度以上をめどに、集落、集落連合、大字《おおあざ》単位等で地権者の合意を形成し、被災水田を全て農地信託会社に信託することとします。それを現在計画されている基盤整備事業を利用して3年程度をめどに公的資金を利用して整備します。整備済み農地の貸付対象者は地域内の営農継続希望農家や生産組織を優先することとしますが、広く都市住民にも開放します。

具体的には基盤整備が済んだのち、信託された農地を多様な利用目的に応じて大小さまざまなA～Eフロアー（圃場）にゾーニングして貸与希望者を募

図8－7　テナント農場モデル

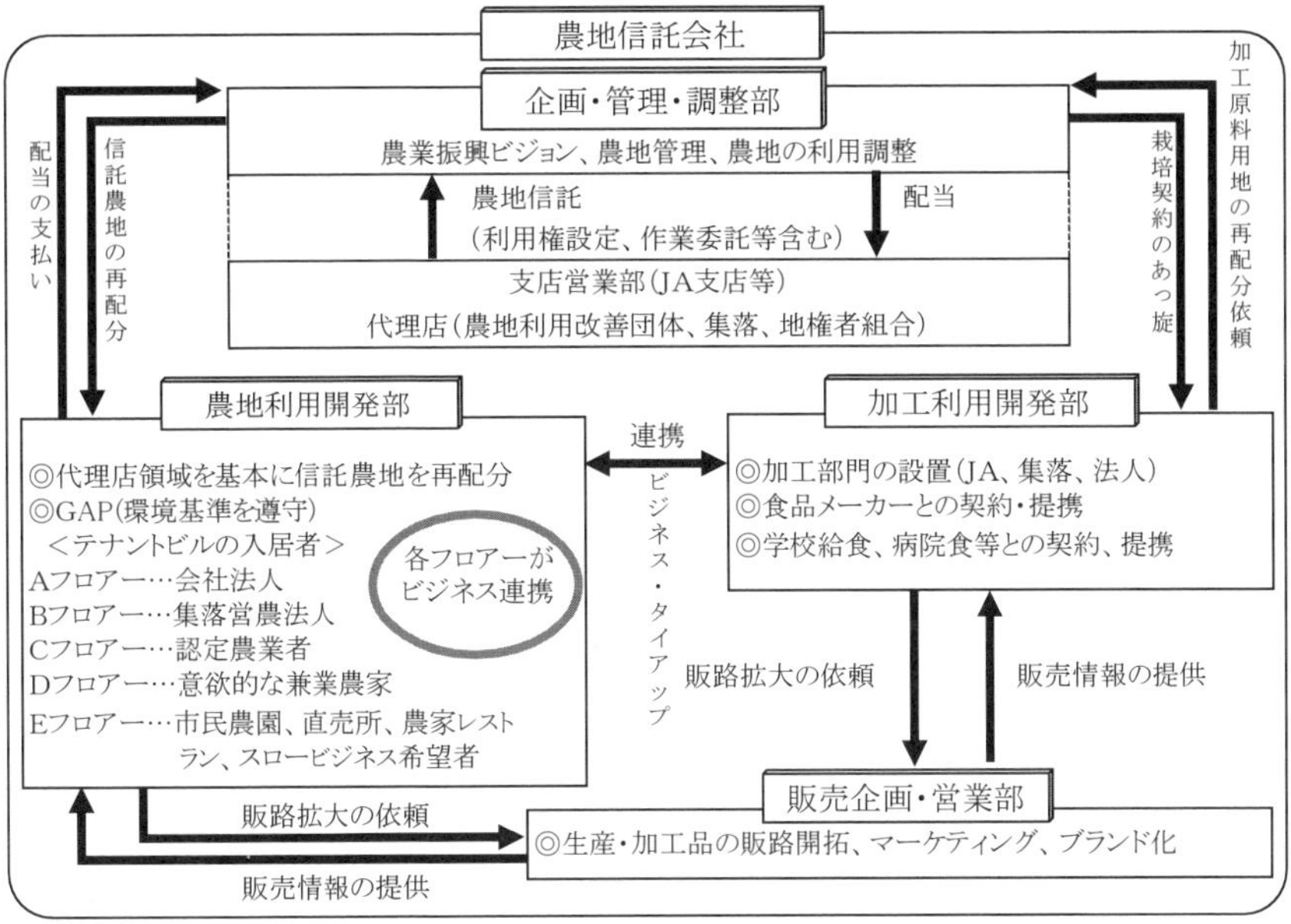

著者作成

図8－8　テナント農場のイメージ図

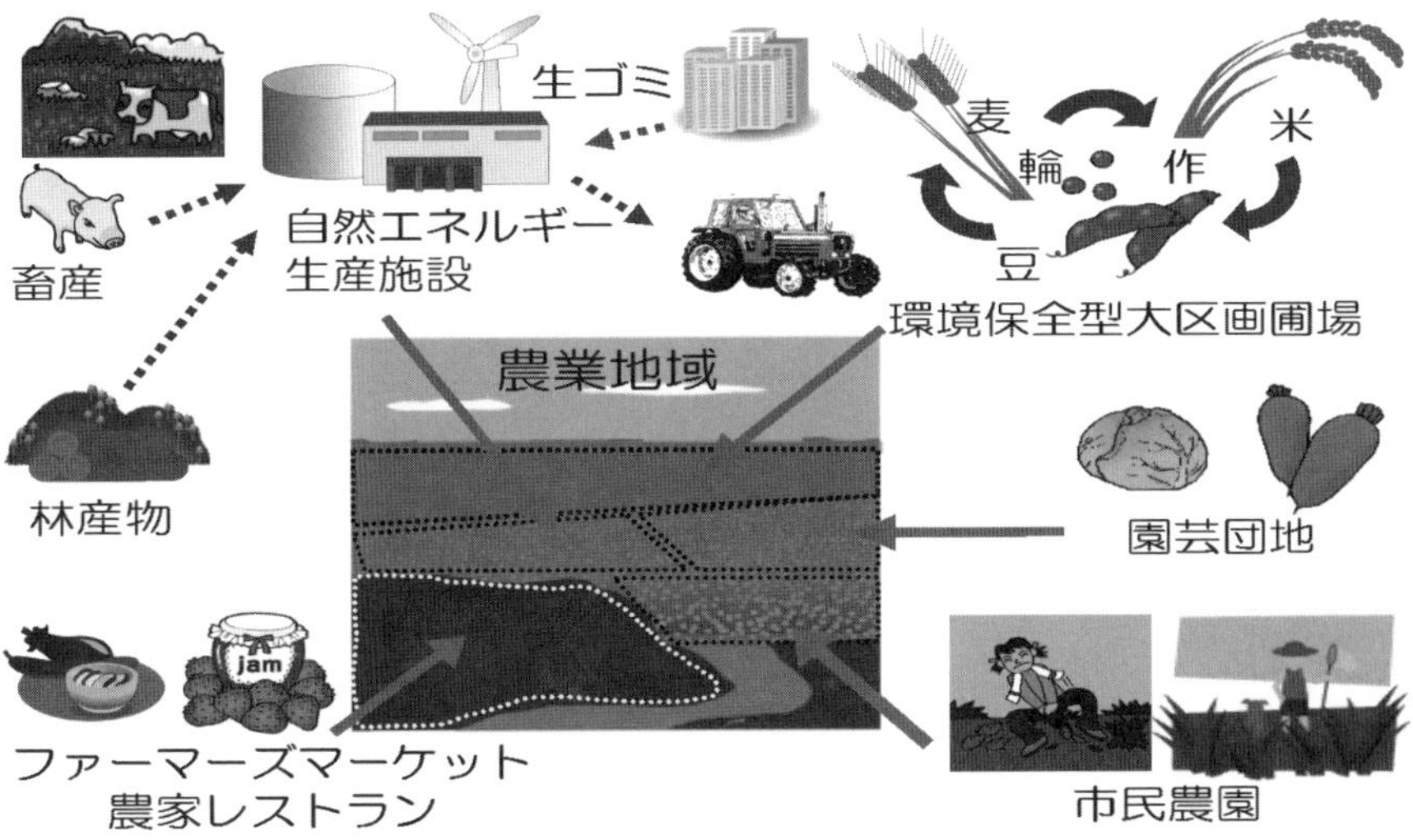

著者作成

収穫したばかりのトマト（仙台市若林区。2013年10月）

集します。大型のＡフロアーのような大規模圃場などは希望者が地元にいない場合、生協や株式会社などに貸与することを考えてもいいでしょう。

環境時代の社会的責任として農場利用者はＧＡＰ（農業生産工程管理手法）の遵守（環境保全型農業技術の採用）を必須条件とします。農場で使用するエネルギーなら信託会社が管理運営する自然エネルギー供給センターから供給することもさほど難しくはないはずです。農場の運営方針に「脱原発依存」を掲げ、自然エネルギーに強いこだわりをもった農場づくりを目指すのも選択肢の一つでしょう。

農場内には生産圃場だけでなくＥフロアーのような市民農園、直売所、レストラン、農産加工センターなど地域性を活かす多様なコミュニティビジネス建設用地として貸与するコーナーも設置するようにしたらよいと思います。創意工夫を凝らしたいくつかの先行事例から推察するに、多様な地域内農家がそれぞれに居場所を確保する（仮称）「テナント農場」の建設は、もはや思考段階から実践段階に移行しつつあるといっても過言ではありません。

収穫したタマネギをハウスに保管（仙台市若林区の農事組合法人。2015年6月）

農地信託はＪＡ主体

農地信託業務は本来ＪＡ組織が担ってしかるべきだろうと思います。農協法上それが可能であるばかりか組合員農家の農地資産管理はＪＡ組織に課せられた任務でもあるからです。ＪＡサイドに信託業務のノウハウや人材が乏しい場合、市役所、土地改良区、農業委員会等と共同で公社組織を設置することも考えられます。これからは信託業務に詳しい民間会社と連携して取り組むようなケースが出てくるかもしれません。

事業推進にあたってはＪＡの支店単位に支店営業部、地域組織単位に代理店などを置き、組合員農家の意向を汲み上げながら合意形成を図る体制づくりが必要になります。多くの現地事例が物語るように、いまだ家産という性格の強い農地の利用調整を進めるには現場近くに合意形成網を張り巡らしたほうが理解を仰ぎやすいからです。

成熟期を迎える復旧田（仙台市若林区。2015年９月）

事業メニューは農地の売渡信託、貸付信託に限らず利用権設定、農作業受託など農家が広く選択できるように準備しておいたらよいでしょう。そのほうが多様な農家の賛同を得やすいはずだからです。売渡信託を希望する地権者には、信託期間内に農地評価額の７割まで無利子の資金を貸与する特典があれば生活資金面でも助かるし、不適切な農地の買い漁り防止にも役立つはずです。信託会社は「農業・農村振興ビジョン」、「農地利用契約」、「地代・配当・作業料金」、「農地のメンテナンス計画」等々を詳細に検討・提示し、地権者や利用者の信頼を醸成しておくことが必要になります。「ビジョン」には農産加工等６次産業化や販売戦略への取り組みなども含まれます。

ただ、信託会社としてのビジネスセンスと力量が問われるのは信託農地を地域特性に応じたユニークなフロアー（圃場）にゾーニングして貸与する作業です。これが首尾よく進むならテナント農場を拠点として可能なかぎり多様な農家が棲み分け的に居場所を確保する参加型農業・農村改革にも弾みがつく

図８−９　改革の社会的意味

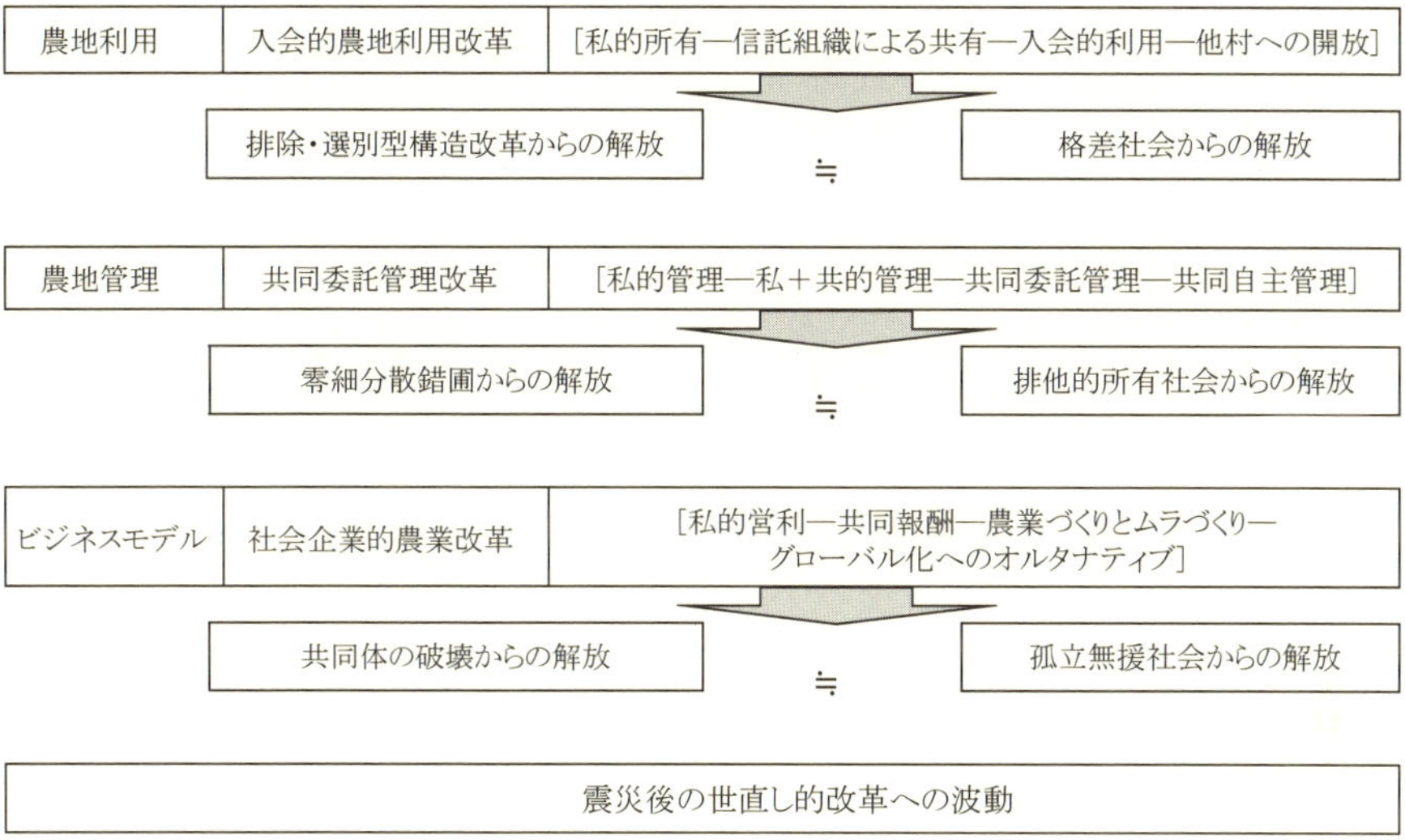

著者作成

でしょう。

改革の社会的意味

最後に、これまで述べてきた農業・農村改革の社会的意味について「農地利用」、「農地管理」、「ビジネスモデル」という側面から検討してみたいと思います（**図８−９**）。まず、信託方式による農場的な農地利用への転換は「入会《いりあい》的農地利用改革」といっていいでしょう。期限付きとはいえ、所有権が信託組織に移行した共有財的性格の農地を一定のルールの下で多様な地域内農家が「入会《いりあ》」って利用することになるからです。

かつての「入会」が「他村入会」を認めていたように、テナント農場も農外企業や市民など地域内農家以外の利用を排除していません。共有財的農地を「入会」的に利用するわけですから、特定の農家や経営体に所有や利用を集積する排除・選別型構造改革とも違います。むしろ、そうした改革が招いている、格差社会からの解放にも通じる取り組みです。

農地管理については、「私的」あるいはムラ仕事として「共的」に行ってきたこれまでの農地や農業インフラの管理を「ムラぐるみ」で信託会社に委託する「共同委託管理改革」です。取り組み方次第では、信託機能を有するＪＡ組織を介して組合員である農家集団が「ムラぐるみ」で農地や農業インフラを管理する、共同自主管理的な性格を強めていくケースも出てくるでしょう。こうした改革は、零細分散錯圃《さくほ》からの解放を促すばかりか、排他的所有社会からの解放にも期待をつなぐ改革です。

テナント農場方式による参加・棲み分け型改革は、ビジネスモデルという側面でいえば社会企業的農業改革です。営利企業による私益の追求というよりは、多様な農家に居場所を提供することで、一定の報酬が期待できる共益追求型ビジネスモデルという性格が強いからです。具体的な取り組みは地域によってさまざまですが、共通に見られる特徴は、何らかの形で「農業づくり」と「ムラづくり」を一体的に推進していることであり、こうした事例は今や全国各地に広がっています。

＊第8章は、文部科学省科学研究費の成果実績として公表した工藤昭彦「農業・農村復旧・復興の現状と課題―宮城県仙台市の動向をふまえながら―」『農村と都市をむすぶ』No.726、2012（平成24）年4月、工藤昭彦「農業・農村の復旧に向けた課題」『農業経済研究』第31巻第2号（通巻63号）、2013（平成25）年9月を加筆修正したものです。

結　章

「農」を受容する社会の輪郭

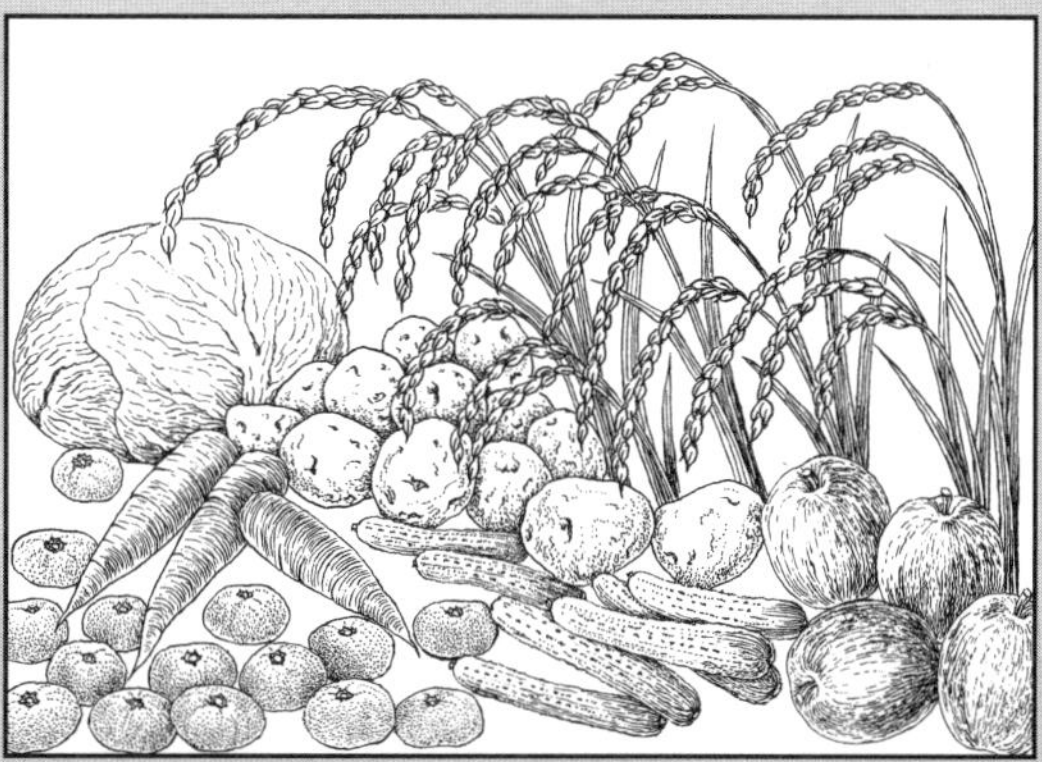

「農」を受容する社会への転換

資本主義による商品経済の発展は、それまで数世紀に及び共同体内部の分業関係を通して自給自足的に供給してきた生産や生活に必要な物資を急速に商品に置き換えながら、人々の暮らしの拠点である共同体に破壊的な作用を及ぼしてきました。とりわけ冷戦構造が崩壊した1990（平成2）年代末以降、ヒト、モノ、カネはもとより企業内国際分業の進展によるモノづくり工程の分割・グローバル化など資本主義商品経済の歯止めなき拡大が、それを加速しています。

こうした中、**図1**に書き込んだキーワードになぞらえていえば「世界を不幸にしたグローバリズムの正体」（詳しくはジョセフ・E・スティグリッツ、鈴木主税『世界を不幸にしたグローバリズムの正体』徳間書店、2002年を参照）を見抜いた人々の間で、暮らしの拠点を取り戻そうとする「世直し的改革へのチャレンジ」が垣間見られるようになりました。

近年、世界各国・各地域に広がっている地域通貨の創出には、単に利鞘稼ぎのために国境を越えて暴走するグローバルマネーをキャンセルし、多様な形で地域の仕事と暮らしの再興に役立つ域内循環マネーを取り戻したいという動機が込められています。

我が国の農産物直売所の売上額が間もなく1兆円を超えそうなのは、素性が不明な食材が流通するグローバルマーケットから安全・安心な顔の見える食材が流通する地域内マーケットに乗り換える人々が増えてきたからでしょう。

伝統工芸やコミュニティビジネスなど暮らしの場に立脚したさまざまなモノづくりへのチャレンジにしても、営利企業と一線を画す社会企業という用語とともに世界を席巻するなど、決して珍しいことではなくなりました。

もっとも、自己増殖する価値の運動体という資本のDNAからして、資本主義商品経済のグローバル化は、行き場を失った過剰資本、過剰マネーの投機

図１　時代の文脈から見た「農」

時代の文脈	・冷戦構造の崩壊と市場経済のグローバル化 ・世界を不幸にしたグローバリズムの正体 ・反グローバリズム（もう一つの世界を求めて）運動の高揚

グローバリズムと反グローバリズムのせめぎ合い	共同体／資本の形式	グローバリズム（共同体の破壊）	反グローバリズム（多様な共同の再構築）
	金貨資本	カネのグローバル化（世界通貨）	カネのミクロコスモス化（地域通貨）
	商人資本	モノ（商品）のグローバル化（世界貿易）	モノ（生活資材）のミクロコスモス化（地産地消）
	産業資本	モノづくり（生産流通過程）のグローバル化（多・超国籍企業）【資本の価値増殖運動】	モノづくり（生産流通過程）のミクロコスモス化（コミュニティビジネス）【暮らしの拠点づくり】

反グローバリズムの拠点づくり	グローバリズム		反グローバリズム
	・不安な食	→	安全・安心な「食」
	・没個性的「ファースト・フード」	→	個性的「スロー・フード」「食文化」
	・原発・化石エネルギー	→	自然・バイオマスエネルギー
	・都市の「孤独」	→	田舎の「顔見知り」
	・子供社会の「病理」	→	自然が培う「自己免疫力」

世直し的改革の足音が聞こえる

著者作成

的運用に増幅されながら人間の意思活動を超えたところで拡大していくことを宿命づけられています。社会と折り合う自動制御装置を欠落させた資本の自己増殖運動を放置しておけば、格差社会の拡大、地方の疲弊など人々の暮らしの拠点に対するさらなる破壊活動は避けられません。だからこそ、このままでは共倒れになるという危機感を抱いた人々や地域から、地域通貨、地産地消、コミュニティビジネスなど差し当たり生身の人間が耐え難いほど激烈を極める副作用を中和し、ひいてはこれまでとは違う「もう一つ別の世界」を展望する多様な処方箋づくりが始まったのだと思います。

こうした一連の試みは、仁義なき資本主義の蔓延を憤る国際世論に後押しされながら、取り立てて声高に叫ばれるわけではないにしろ、これからもグローバル市場経済との多様なせめぎ合いを繰り広げていくことになるでしょう。

安全・安心な「食」への関心やスローフード運動などもそうですが、その先陣を切る試みの多くは世界各国・各地域の農業・農村で芽生え、志を共有する多くの人々を巻き込みながら世界に広がる傾向が見られます。これまで資本主義が苦手な領域として表舞台から疎外され続けてきた農業・農村には、人々の暮らしの原点や原風景を思い起こす手掛かりが、ほんの少しばかり残されているからに違いありません。

被災地に限らず崩壊の危機に瀕する農業・農村で始まった資本主義による農業・農村の過剰分解に歯止めをかける参加型農業・農村改革も、「農」を「異質」なものとして「分離」し「排除」してきた社会から「農」の「自立」を「支援」し、それを「受容」する社会への転換という「世直し的改革」に一脈通じる取り組みだといっていいでしょう。

持続性、多様性をベースにした「農」受容社会の形成へ

社会転換の推進力と意思決定

こうして見ると、**図2**で示唆したように、たとえ資本主義に馴染み難いものだとしても、これを分離・排除することで人々の暮らしが揺らぎかねないとすれば、あえてこれを受け入れる方向へ歴史の歯車が旋回し始めたのかもしれません。「もう一つ別の世界」の展望は未だ不透明ですが、少なくとも不都合な領域を外部に排除（外部化）することで問題処理に明け暮れてきた利潤動機に基づく効率重視社会から一歩踏み出し、暮らしに必要な領域を内部に受容（内面化）し多様性・持続性に配慮しながら問題解決を志向する社会動機に裏打ちされた取り組みが随所で勢いづいているからです。

図２　期待する社会のキーワード

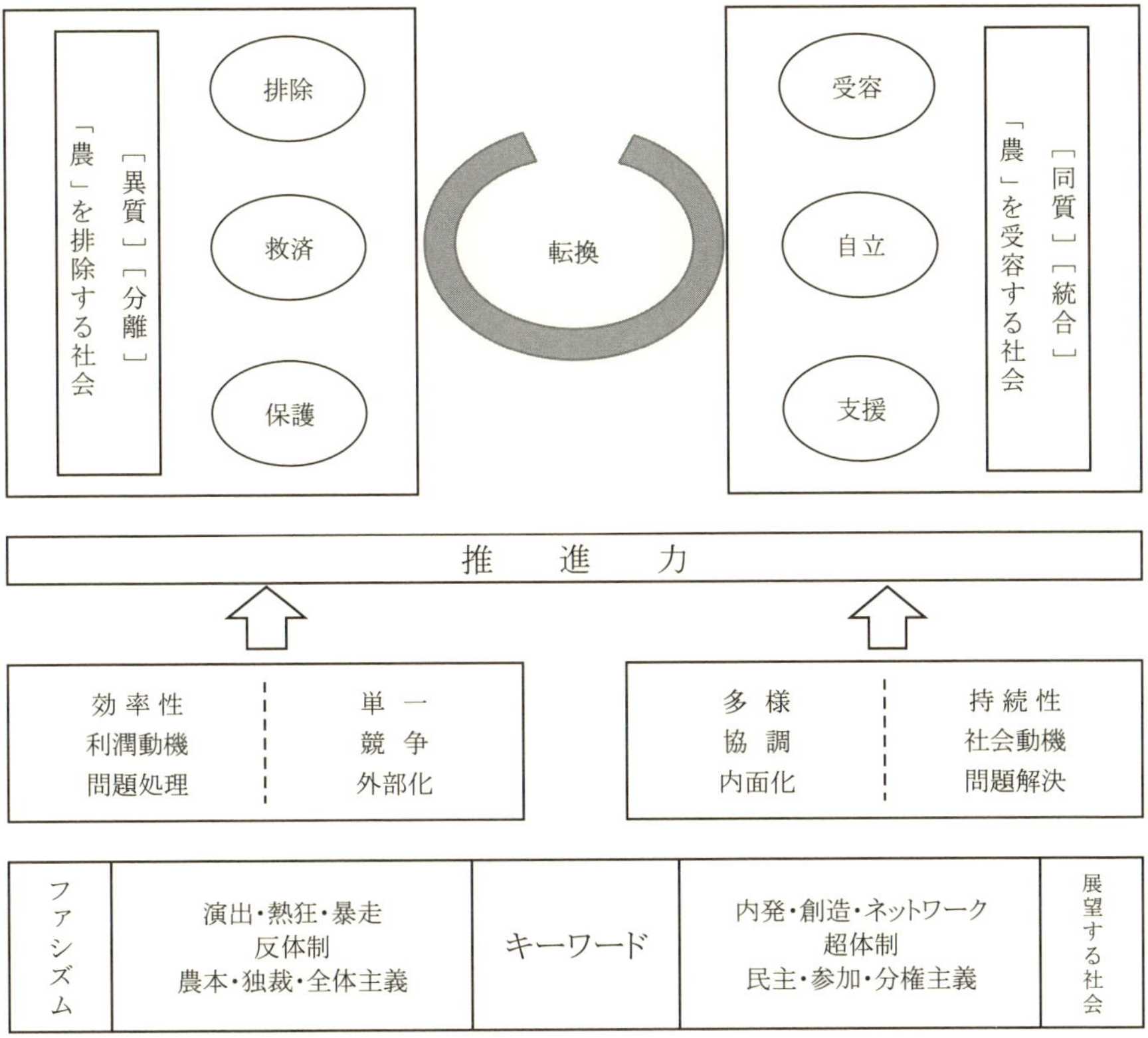

著者作成

ただ、似たようなことは、あの忌まわしいファシズム体制期にも盛んに行われました。反資本主義・国家社会主義・農本主義等々で偽装したファシズム独裁体制は、大恐慌下で困窮する農業・農村を上意下達的に「美しい村づくり運動」へと誘導し、結果的に歯止めなき総力戦の食料基地として総動員していきました。その舞台装置や演出は華やかだったし、登場人物も多くの観客を魅了し、熱狂させ、そして幻惑しました。農業・農村は国の「基」であると持ち上げ、輝かしい再興を約束したファシズム期に振り出された農業問題の処理手形はしかし、わずかな補助金を餌に無責任にバラ撒かれただけで、ついぞ決済されることはありませんでした。

このところリーマンショックを引

き金とする金融恐慌の余波が続く中、世界情勢は急速にきな臭さを増しています。平和憲法をないがしろにする集団的自衛権を盛り込んだ安全保障関連法案が強硬採決されるなど、世相は当時と似ていなくもありません。ファシズム期の一連の出来事を記憶の片隅にとどめておいても決して邪魔ではないはずです。

幸いにしてこのところ政策当局が意図的に誘導する「構造改革の展望」、「活力ある村づくり」等々に安易に振り回されることなく、地域の個性と知恵を活かす「内発的」「創造的」農業・農村づくりが各地で散見されるようになりました。これを支援する人々のネットワークも国境を越えた広がりを見せています。暮らしの拠点を取り戻す、特定の主義主張や体制を超えた当たり前の取り組みである以上、誰もこれを止めることはできません。

取り組みの土台になっているのは、そこに住み続けてきた人々の、最初から時間を限定しない本音が飛び交う徹底した話し合いと合意形成です。農業・農村改革の推進にあたっては、多くの場合、老若男女それぞれが何らかの形で仕事と居場所を見出せるよう、絶妙な創意と工夫を凝らした参加型の見取り図が準備されています。

ファシズム期のような過度な演出や熱狂とは無縁であるばかりか、怪しげな農本主義を吹聴しているわけでもありません。農業・農村をまるごと社会企業的な感覚で編成替えするかのような現場の取り組みから見えるのは、「内発」、「創造」、「ネットワーク」という原動力であり、「体制」を超えた「民主」、「参加」、「分権」を基本とする意思決定です。

農業・農村のみならず多様な「場」における同様の試みを積み重ねていく過程で、少なくとも期待される社会像の輪郭ぐらいは浮かび上がってくるのではないか――辺境の視座から時代の潮流を見据えてみると、ふとそんな気がしないでもありません。

あとがき

出版元である創森社の相場博也さんから本書の執筆を依頼されたのは、２０１２（平成24）年4月のことでした。あれから4年近くになります。東日本大震災の影響があったとはいえ、原稿の提出が大幅に遅れてしまいました。この間、出版事情が厳しい中、辛抱強くお待ちいただき感謝の念に堪えません。

高校生ぐらいの人たちでも興味深く読めるように、「奥が深くて理解されにくい農業の実像と価値、特質などを平易に紹介する」という出版社の趣旨は、書き進めるにつれ、そのハードルの高さを思い知らされました。全体の章別構成や文章表現を工夫したり、多くの図表や語句説明で内容を補強したりしましたが、それでも悔いは残ります。ただ、いたずらに時間を費やすことを回避する意味でも、このあと本書の出来映えいかんについては辛口の評価を含めて読者の判断にゆだねたいと思います。

本書執筆の過程で研究室の鳴原敦子さん、古舘陽子さんには原稿の校正、図表の作成、パソコン業務等で一方ならぬご協力をいただきました。大学院生の鹿島大雄君、武居史弥君には、工夫を要する図表の作成に貴重な時間を割いていただきました。長年私の講義やゼミを受講してくれた多くの学生諸君は、時に良き理解者として時に辛辣な批評者として心に残る刺激を与えてくれました。妻の美子には長年研究生活を支えてもらいました。

本書はこうした皆さんの温かい支援の賜物でもあり、記して心から感謝申し上げます。

著　者

こうべを垂れる稲穂（山形県高畠町）

●

デザイン――寺田有恒（イラストも）
ビレッジ・ハウス
写真協力――仙台市経済局東部農業復興室
仙台市建設局百年の杜推進課
FAO（国際連合食糧農業機関）駐日連絡事務所
三宅 岳　熊谷 正　加藤信夫　蜂谷秀人
JA全農福島園芸部　ほか
まとめ協力――鴫原敦子　古舘陽子
鹿島大雄　武居史弥
校正――吉田 仁

著者プロフィール

●**工藤昭彦**（くどう あきひこ）

東北大学教養教育院総長特命教授

1946年、秋田県生まれ。東北大学農学部卒業、東北大学大学院農学研究科博士課程修了。秋田県立農業短期大学助教授、東北大学大学院農学研究科教授、研究科長・学部長などを経て、2010年より現職。

主な著書に『現代日本農業の根本問題』『資本主義と農業』（ともに批評社）、『現代の資本主義を読む～「グローバリゼーション」への理論的射程～』（編著、批評社）など。

現代農業考《げんだいのうぎょうこう》～「農《のう》」受容《じゅよう》と社会《しゃかい》の輪郭《りんかく》～

2016年2月18日　第1刷発行

著　　者――工藤昭彦《くどうあきひこ》

発 行 者――相場博也

発 行 所――株式会社 創森社

〒162-0805 東京都新宿区矢来町96-4

TEL 03-5228-2270　FAX 03-5228-2410

http://www.soshinsha-pub.com

振替00160-7-770406

組　　版――有限会社 天龍社

印刷製本――精文堂印刷株式会社

 ISBN978-4-88340-303-5 C0061

〝食・農・環境・社会一般〟の本

創森社　〒162-0805 東京都新宿区矢来町96-4
TEL 03-5228-2270　FAX 03-5228-2410
http://www.soshinsha-pub.com
＊表示の本体価格に消費税が加わります

農的小日本主義の勧め
篠原 孝 著　四六判288頁1748円

ミミズと土と有機農業
中村好男 著　A5判128頁1600円

炭やき教本～簡単窯から本格窯まで～
恩方一村逸品研究所 編　A5判176頁2000円

ブルーベリークッキング
日本ブルーベリー協会 編　A5判164頁1524円

家庭果樹ブルーベリー～育て方・楽しみ方～
日本ブルーベリー協会 編　A5判148頁1429円

エゴマ～つくり方・生かし方～
日本エゴマの会 編　A5判132頁1600円

農的循環社会への道
篠原 孝 著　四六判328頁2000円

炭焼紀行
三宅 岳 著　A5判224頁2800円

台所と農業をつなぐ
大野和興 編　山形県長井市・レインボープラン推進協議会 著　1905円

一汁二菜
境野米子 著　A5判128頁1429円

薪割り礼讃
深澤 光 著　A5判216頁2381円

ワインとミルクで地域おこし
～岩手県葛巻町の挑戦～
鈴木重男 著　A5判176頁1905円

すぐにできるオイル缶炭やき術
溝口秀士 著　A5判112頁1238円

病と闘う食事
境野米子 著　A5判224頁1714円

ブルーベリー百科Q&A
日本ブルーベリー協会 編　A5判228頁1905円

焚き火大全
吉長成恭・関根秀樹・中川重年 編　A5判356頁2800円

納豆主義の生き方
斎藤茂太 著　四六判160頁1300円

豆腐屋さんの豆腐料理
山本久仁佳・山本成子 著　A5判96頁1300円

スプラウトレシピ～発芽を食べる育てる～
片岡芙佐子 著　A5判96頁1300円

玄米食 完全マニュアル
境野米子 著　A5判96頁1333円

手づくり石窯BOOK
中川重年 編　A5判152頁1500円

豆屋さんの豆料理
長谷部美野子 著　A5判112頁1300円

雑穀つぶつぶスイート
木幡 恵 著　A5判112頁1400円

三太郎のゆうゆう炭焼塾
炭焼三太郎 著　A5判176頁1600円

不耕起でよみがえる
岩澤信夫 著　A5判276頁2200円

薪のある暮らし方
深澤 光 著　A5判208頁2200円

菜の花エコ革命
藤井絢子・菜の花プロジェクトネットワーク 編著　四六判272頁1600円

手づくりジャム・ジュース・デザート
井上節子 著　A5判96頁1300円

虫見板で豊かな田んぼへ
宇根 豊 著　A5判180頁1400円

すぐにできるドラム缶炭やき術
杉浦銀治・広若剛士 監修　A5判132頁1300円

竹炭・竹酢液 つくり方生かし方
杉浦銀治ほか監修　A5判244頁1800円

竹垣デザイン実例集
古河 功 著　A4変型判160頁3800円

タケ・ササ図鑑～種類・特徴・用途～
内村悦三 著　B6判224頁2400円

毎日おいしい 無発酵の雑穀パン
木幡 恵 著　A5判112頁1400円

里山保全の法制度・政策～循環型の社会システムをめざして～
関東弁護士会連合会 編著　B5判552頁5600円

自然農への道
川口由一 編著　A5判228頁1905円

素肌にやさしい手づくり化粧品
境野米子 著　A5判128頁1400円

土の生きものと農業
中村好男 著　A5判108頁1600円

ブルーベリー全書～品種・栽培・利用加工～
日本ブルーベリー協会 編　A5判416頁2857円

おいしい にんにく料理
佐野 房 著　A5判96頁1300円

竹・笹のある庭～観賞と植栽～
柴田昌三 著　A4変型判160頁3800円

薪割り紀行
深澤 光 著　A5判208頁2200円

〝食・農・環境・社会一般〟の本

創森社　〒162-0805 東京都新宿区矢来町96-4
TEL 03-5228-2270　FAX 03-5228-2410
http://www.soshinsha-pub.com
＊表示の本体価格に消費税が加わります

協同組合入門～その仕組み・取り組み～
河野直践 編著　四六判240頁1400円

自然栽培ひとすじに
木村秋則 著　A5判164頁1600円

育てて楽しむ **ブルーベリー12か月**
内田由紀子・竹村幸祐 著　A5判184頁1800円

炭・木竹酢液の用語事典
谷田貝光克 監修　木質炭化学会 編　A5判384頁 4000円

園芸福祉入門
日本園芸福祉普及協会 編　A5判228頁1524円

全記録 炭鉱
鎌田 慧 著　四六判368頁1800円

割り箸が地域と地球を救う
佐藤敬一・鹿住貴之 著　A5判96頁1000円

ほどほどに食っていける田舎暮らし術
今関知良 著　四六判224頁1400円

育てて楽しむ **タケ・ササ** 手入れのコツ
内村悦三 著　A5判112頁1300円

山里の食べもの誌
杉浦孝蔵 著　四六判292頁2000円

緑のカーテンの育て方・楽しみ方
緑のカーテン応援団 編著　A5判84頁1000円

育てて楽しむ **雑穀** 栽培・加工・利用
郷田和夫 著　A5判120頁1400円

オーガニック・ガーデンのすすめ
曳地トシ・曳地義治 著　A5判96頁1400円

育てて楽しむ **ユズ・柑橘** 栽培・利用加工
音井 格 著　A5判96頁1400円

石窯づくり 早わかり
須藤 章 著　A5判108頁1400円

ブドウの根域制限栽培
今井俊治 著　B5判80頁2400円

農に人あり志あり
岸 康彦 編　A5判344頁2200円

現代に生かす竹資源
内村悦三 監修　A5判220頁2000円

人間復権の食・農・協同
河野直践 著　四六判304頁1800円

反冤罪
鎌田 慧 著　四六判280頁1600円

薪暮らしの愉しみ
深澤 光 著　A5判228頁2200円

農と自然の復興
宇根 豊 著　四六判304頁1600円

田んぼの生きもの誌
稲垣栄洋 著　楢 喜八 絵　A5判236頁1600円

はじめよう！自然農業
趙漢珪 監修　姫野祐子 編　A5判268頁 1800円

農の技術を拓く
西尾敏彦 著　四六判288頁1600円

東京シルエット
成田一徹 著　四六判264頁1600円

玉子と土といのちと
菅野芳秀 著　四六判220頁1500円

生きもの豊かな自然耕
岩澤信夫 著　四六判212頁1500円

里山復権～能登からの発信～
村浩二・嘉田良平 編　A5判228頁1800円

自然農の野菜づくり
川口由一 監修　高橋浩昭 著　A5判236頁 1905円

菜の花エコ事典～ナタネの育て方・生かし方～
藤井絢子 編著　A5判196頁1600円

ブルーベリーの観察と育て方
玉田孝人・福田 俊 著　A5判120頁1400円

パーマカルチャー～自給自立の農的暮らしに～
パーマカルチャー・センター・ジャパン 編　B5変型判280頁2600円

巣箱づくりから自然保護へ
飯田知彦 著　A5判276頁1800円

東京スケッチブック
小泉信一 著　四六判272頁1500円

農産物直売所の繁盛指南
駒谷行雄 著　A5判208頁1800円

病と闘うジュース
境野米子 著　A5判88頁1200円

農家レストランの繁盛指南
高桑 隆 著　A5判200頁1800円

チェルノブイリの菜の花畑から
河田昌東・藤井絢子 編著　四六判272頁1600円

ミミズのはたらき
中村好男 編著　A5判144頁1600円

里山創生～神奈川・横浜の挑戦～
佐土原 聡 他編　A5判260頁1905円

移動できて使いやすい 薪窯づくり指南
深澤 光 編著　A5判148頁1500円